엑셀 × 파이썬 업무 자동화

엑셀 × 파이썬 업무 자동화 : 매크로, VBA는 이제 낡았다!

초판 1쇄 발행 2020년 12월 3일 2쇄 발행 2023년 5월 22일 지은이 카네히로 카즈미 옮긴이 서수환 펴낸이 한기성 펴낸곳
(주)도서출판인사이트 편집 신승준 영업마케팅 김진불 제작·관리 이유현, 박미경 용지 유피에스 인쇄·제본 천광인쇄사
후가공 이지앤비 등록번호 제2002-000049호 등록일자 2002년 2월 19일 주소 서울특별시 마포구 연남로5길 19-5 전화
02-322-5143 팩스 02-3143-5579 이메일 insight@insightbook.co.kr ISBN 978-89-6626-284-7 책값은 뒤표지에 있습니
다. 잘못 만들어진 책은 바꾸어 드립니다. 이 책의 정오표는 https://blog.insightbook.co.kr에서 확인하실 수 있습니다.

엑셀
×
파이썬
업무 자동화

매크로, VBA는 이제 낡았다!

카네히로 카즈미 지음 | 서수환 옮김

인사이트

차례

7장   PDF 출력과 꾸미기 207

여러분, 이 책을 선택해 주서서 감사합니다.

독자 여러분은 분명 여기 서문부터 읽기 시작하셨겠지요. 하지만 책을 쓰다 보면 서문은 마지막에 쓰는 게 보통입니다. 이 책의 서문도 다른 부분을 모두 쓴 다음, 이전에 썼던 것을 다시 돌아보면서 쓰고 있답니다.

이 책은 사무직 종사자라면 누구에게나 익숙한 엑셀을, 어떻게 파이썬으로 프로그래밍할 수 있는지 소개하고 있습니다. 파이썬 프로그래밍 입문의 문턱을 낮춰 독자들이 손쉽게 사용할 수 있도록 닛케이 BP 편집자와 몇 번이고 머리를 맞대며 고민한 끝에 만들게 된 책입니다.

프로그래머인 제게도 엑셀 기능은 무척 복잡해 보였습니다. 그런데 책을 쓰기 위해 파이썬 코드를 작성하다 보니 엑셀이 어떤 구조로 되어 있는지 알게 되었고, 그래서 엑셀 기능도 한결 이해하기 쉬워졌습니다.

비즈니스 현장에서는 수많은 자료가 엑셀로 만들어집니다. 엑셀만으로 이런 자료를 전부 처리하려면 복잡한 함수를 쓰거나 VBA 매크로를 작성해야 하는데 다음과 같은 문제가 생기기도 합니다.

- 어디서 어떻게 하고 있는지 알 수 없다. 워크시트에 있는 것이 함수 또는 엑셀의 기능인지 VBA의 기능인지 경계선이 불분명하다.
- 사람마다 엑셀에 대한 능력 차이가 있어서 인수인계가 어렵다.

이럴 때 자료는 엑셀로 만들고 복잡한 처리는 파이썬으로 프로그래밍한다면 업무 효율을 훨씬 극대화할 수 있습니다. 이 책이 그런 기회가 되었으면 합니다.

그러면 부디 끝까지 읽어 주시고 괜찮다면 감상을 부탁드리겠습니다.

첫 손주로 Twins가 태어난 날에
카네히로 카즈미(金宏和實)

'아무것도 안 하고 싶다.
이미 아무것도 안 하고 있지만, 더 격렬하게 아무것도 안 하고 싶다.'

한때 이런 인터넷 유행어가 있었습니다. 바쁘게 돌아가는 하루하루를 살다 보면 문득 마음속에서 흘러나오는 '좀 쉬고 싶다'라는 탄식과 같은 말이겠지요.

회사에서 일하다 보면 아무것도 안 했는데 시간이 훅훅 지나가는 때가 있습니다. 그럴 때 하루 동안 뭘 했나 생각해보면, 이 파일을 열어 저 파일로 복사해서 붙여넣기, 파일 하나하나 열어서 특정 내용이 있는지 찾아보기 같은 단순 반복 작업만 하다 끝나 버린 경험이 제법 있습니다. 여러분도 그런 경험이 있지 않나요? 이 책은 이런 아무것도 아닌 단순 반복 작업을 이제 하고 싶지 않은 여러분에게, 당신 대신에 일해줄 프로그램이 있다고 이야기해 주는 책입니다.

요즘 들어 파이썬의 인기가 뜨겁습니다. 인공 지능 관련 라이브러리는 물론 그 외에도 수많은 확장 기능이 있으며, 〈엔터〉 키만 누르면 바로 결과를 확인해 볼 수 있는 편리함과 문법적 간결함이 파이썬의 인기 비결이라는 생각입니다. 그리고 인터넷에 공개된 수많은 강좌와 소스 코드가 있으니 접근성도 매우 좋습니다. 그래서 프로그래밍이라는 말만 들어도 뒷걸음질하던 분들도 '그렇게 쉽다며? 한번 보기나 해볼까?'라는 마음이 들 정도입니다.

이렇게 쉬운 파이썬과 이 책에서 나오는 자동화 아이디어로 여러분의 엑셀 작업 시간을 줄여 봅시다. 그러면 아무것도 안 해도 되는 시간이 늘어서 다음 도약을 준비할 시간을 마련할 수 있지 않을까요? 빈 시간은 그저 비어 있는 게 아니라 힘을 모으는 시간이 될 수 있습니다.

늘 곁에서 함께 해주는 우리 가족 그리고 편집에 신경 써주신 신승준 님에게 감사드립니다.

여러분의 일분일초가 더욱더 소중한 시간이 되는데 이 책이 도움이 되었으면 합니다.

2020년 가을
서수환

1장

파이썬이란?

유비, 매일 밤
파이썬 세미나에 참가하다

은미 하이~ 비, 잘 지냈어?

점심을 먹으러 들어간 회사 근처 식당에서 유비는 영업 담당 김은미 씨와 만났습니다.

유비 김은미 씨! 다른 사람 이름은 제대로 불러야죠. 제 이름은 김유비란 말입니다.

은미 뭐야, 왜 이리 딱딱하게 굴까?

유비 회사원이라면 모름지기 공사를 구분해야죠.

둘은 삼국어패럴 입사 동기로 그룹 연수에서 함께 신입 사원 교육을 받았습니다. 삼국어패럴은 의류업을 하는 중견 기업입니다. 도매업뿐만 아니라, 베트남에 자회사 공장도 두고 독자적인 브랜드 상품을 개발하고 있습니다. 비록 수는 아직 적지만 직영점도 운영하는 견실한 기업입니다.

은미 그러고 보니 얼마 전에 무슨 프로그래밍 세미나에 참여했다고 올리지 않았어? 영업부에 있다가 총무부로 가더니 이젠 IT 기업으로 이직하려고?

유비 그런 거 아니야. 요즘은 초등학생도 학교에서 프로그래밍을 배우는 시대니까, 프로그래밍을 모른다면 뒤처지는 게 아닐까 싶어서 말이야.

은미 에이, 그런 거였구나. 회사를 관두려고 그러나 했는데 괜한 걱정이었네. 그나저나 꽤 열심히 하는 것 같던데 어떤 걸 배웠어?

유비 파이썬이라는 건데, 읽고 쓰는 게 쉬워 초보자가 배우기 좋은 프로그래밍 언어 같아.

은미 뭔가 재미있어 보이네. 유비도 알겠지만, 영업 일이라는 게 결국 엑셀로 이것저것 다하는 거잖아. 조 과장님이 엑셀 VBA 배우면 일이 쉽게 끝난다며 약간 가르쳐 주셨는데, 왠지 어려워서 말이지. 엑셀 VBA랑 파이썬은 뭐가 다른 거야?

유비 그게. 나도 이제 막 공부를 시작한 터라…….

- -

그렇군요. 둘 다 프로그래밍에 흥미가 있어 보이네요. 그렇다면 파이썬 초보인 유비를 대신해서 파이썬이란 어떤 것인지, 프로그래밍이란 과연 무엇인지, 여러분 일에 어떤 도움이 되는지 설명하겠습니다.

01 │ 파이썬의 특징

프로그래밍을 배우려면 수많은 언어 가운데 하나를 골라야 합니다. 여러분은 어떤 프로그래밍 언어를 알고 있나요? 이 책에서 소개하는 파이썬 외에도 자바나 자바스크립트, C 언어 등이 널리 쓰이는 프로그래밍 언어입니다.

유비가 파이썬을 선택한 이유가 있습니다. 사무직 종사자가 배우기에는 파이썬만 한 게 없기 때문입니다. 그 이유를 확실히 알기 위해 파이썬의 특징을 살펴봅시다.

언어 사양이 단순하다
파이썬은 유비가 말한 대로 아주 배우기 쉬운 프로그래밍 언어입니다. 그것은 파이썬이 무척 간단한 프로그래밍 언어이기 때문인데, 예약어가 적다는 게 가장 큰 이유입니다. 외워야 하는 예약어가 적으니까 쉽게 친숙해질 수 있습니다.

False	None	True	and	as	assert	async
await	break	class	continue	def	del	elif
else	except	finally	for	from	global	if
import	in	is	lambda	nonlocal	not	or
pass	raise	return	try	while	with	yield

표 1-1 파이썬 예약어(파이썬 3.7.4 기준 35개)

예약어는 말 그대로 프로그래밍 언어에서 미리 정해둔 특별한 의미가 있는 단어를 말합니다. True나 class가 대표적입니다.

예약어가 많으면 미리 이해할 것도, 기억해야 할 문법도 늘어납니다. 이런 예약어가 파이썬에는 상당히 적어서 그만큼 언어 사양이 단순해집니다.

들여쓰기가 문법이다

유비는 파이썬 프로그램이 읽고 쓰기 쉽다고 했습니다. 그 비밀은 들여쓰기(indent)입니다. C나 자바를 비롯한 대다수 프로그래밍 언어에서 들여쓰기는 사람이 코드를 읽기 쉽게 하려는 표현 방법이지, 동작을 지시하는 문법과는 아무런 관련이 없습니다. 파이썬에서 들여쓰기가 실제로 사용된 다음 쪽 코드 예제를 살펴봅시다. 각각의 코드가 어떤 동작을 하는지는 나중에 자세히 설명합니다. 지금은 잘 몰라도 괜찮습니다. 여기서는 첫 줄의 코드 내용에 따라 둘째 줄 이후의 들여쓰기가 "문법적으로 의미가 있다 = 프로그램 동작과 밀접한 관계가 있다" 정도만 이해하면 충분합니다.

예를 들어 파이썬 프로그램에는 if 문이라고 부르는 조건 분기 식이 자주 등장합니다. if 문에서는 어떤 조건이 성립할 때(참일 때), 순차적으로 실행할 코드를 작성합니다. 이런 코드는 적어도 한 줄, 상황에 따라서는 여러 줄에 걸쳐 작성합니다. 이렇게 하나로 묶어 처리하는 부분을 코드 블록이라고 합니다. 이런 블록을 표현할 때 어떤 언어에서는 중괄호({})로 감싸도록 하는 규칙이 있습니다(자바나 C 등).

그에 비해 파이썬은 if 문 끝에 있는 :(콜론) 다음에 줄바꿈하고, 그 이후 들여쓴 줄은 if 문 조건을 만족할 때 실행하는 코드입니다. 블록을 표현할 때는(중괄호 같은 별도의 표시 없이) 코드의 시작 위치를 들여쓰기로 일치시켜 사용합니다.

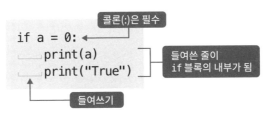

그림 1-1 조건 분기 if 문에서 사용하는 들여쓰기 예제

if 문 이외에도 들여쓰기가 필요한 코드는 많습니다. 계속해서 들여쓰기 예를 살펴봅시다.

그림 1-2 들여쓰기를 사용하는 다른 문법 예제

이렇게 들어가고 나오는 들여쓰기가 문법의 일부가 되면, while 문 내부가 어디까지인지, for 문 내부는 어디까지인지, 또 if 문 조건식이 성립할 때 실행하는 코드가 어디서부터 어디까지인지 한눈에 파악할 수 있습니다.

들여쓰기는 탭(Tab) 키나 스페이스(Space) 키로 입력하는데, 탭과 스페이스를 섞어 쓰면 시작 위치가 미묘하게 달라져서 혼동하기 쉬우므로 들여쓰기는 탭 키를 사용한다고 기억해 둡시다. 이 책에서 다루는 파이썬 IDLE[1]이나 비주얼 스튜디오 코드(Visual Studio Code)에서는 기본값으로 탭 키가 스페이스 4개에 해당합니다. 들여쓰기는 실제로 들여쓰기가 필요한 코드를 다룰 때 자세히 설명하겠습니다.

라이브러리가 풍부해서 다양한 용도로 사용할 수 있다

예약어가 적어서 언어 사양이 단순한데 다양한 용도로 사용할 수 있다니 모순처럼 들릴 수도 있습니다. 그러나 파이썬을 다양한 목적으로 사용할 수 있는 이유는 사용 가능한 라이브러리(Library)가 풍부하고 쓰기도 편하기 때문입니다. 라이브러리는 특정한 목적을 위해 만든 프로그램을, 다른 프로그램에서도 사용할 수 있게 형식을 적절히 변경해 제공하는 프로그램 모음을 말합니다. 파이썬에는 다양한 용도로 사용할 수 있는 수많은 라이브러리가 있습니다.

라이브러리에는 표준 라이브러리와 외부 라이브러리가 있습니다.

라이브러리명	주요 기능	구분
string	문자열 처리	표준
re	정규 표현식	표준
datetime	날짜, 시간 처리	표준
random	난수 생성	표준

---

1 IDLE는 (Python's) Integrated Development and Learning Environment의 약어입니다.

pathlib	객체 지향 파일 시스템 경로	표준
sqlite3	sqlite3 데이터베이스 조작	표준
zipfile	zip 압축	표준
Tkinter	GUI	표준
shutil	고수준 파일 조작	표준
NumPy	수치 계산	외부
SciPy	과학 기술 계산	외부
Pandas	자료 분석	외부
Matplotlib	그래프 그리기	외부
Pygame	게임 작성용	외부
simplejson	JSON 인코딩/디코딩	외부
django	웹 프레임워크	외부
Beautiful Soup	스크래핑(HTML에서 정보 추출)	외부
TensorFlow	기계 학습	외부

표 1-2 파이썬 주요 라이브러리

표준 라이브러리는 파이썬을 설치할 때 함께 설치되어 바로 이용할 수 있는 라이브러리입니다. 한편, 외부 라이브러리는 필요에 따라 여러분이 직접 설치해야 합니다. 일단 설치하고 나면 표준 라이브러리와 같은 방법으로 사용할 수 있습니다.

이 책의 주제이기도 한, 파이썬으로 엑셀 작업을 효율적으로 하는 게 가능한 이유는 엑셀 파일을 다루는 라이브러리가 제공되기 때문입니다. 이 책에서는 엑셀용 라이브러리 가운데 기능이 풍부한 openpyxl을 사용합니다.

라이브러리	주요 기능
openpyxl	엑셀 파일(.xlsx) 읽고 쓰기 가능
xlrd	엑셀 파일(.xls, .xlsx) 자료 읽기 가능
xlwt	엑셀 파일(.xls) 자료와 서식 쓰기 가능
xlswriter	엑셀 파일(.xlsx) 자료와 서식 쓰기 가능

표 1-3 엑셀 문서를 다루는 주요 파이썬용 라이브러리

이외에도 엑셀 관련해서 VBA를 대신할 라이브러리도 있지만 이용하려면 설정이 복잡하거나 유료라서 이 책에서는 다루지 않습니다.

02 | VBA와 파이썬의 차이점

"엑셀에는 VBA가 있잖아?"라고 생각하는 분도 계실 테지요. 은미 씨의 상사인 조 과장도 VBA 애용자인 모양입니다.

VBA를 잘 모르는 분을 위해 VBA가 무엇인지 설명하자면 VBA는 Visual Basic for Applications의 약어로, 비주얼 베이직은 마이크로소프트(Micro-soft)가 만든 범용 프로그래밍 언어입니다. PC에서 사용하는 프로그래밍 언어 가운데 역사가 가장 오래된 언어인 베이직(Basic)에서 발전했습니다. 비주얼 베이직이 입문용 프로그래밍 언어로 자리 잡으면서, 윈도우 환경에서 프로그래밍과 시스템 개발에도 널리 사용되었습니다.

계속해서 for Applications의 애플리케이션(Application)이 무엇인지 설명하겠습니다. 컴퓨터 소프트웨어에는 OS(Operating System = 운영체제)와 애플리케이션 소프트웨어(응용 소프트웨어)가 있습니다. 여러분이 사용하는 PC를 예로 든다면 윈도우 10이 OS입니다. OS가 없다면 컴퓨터는 동작하지 않습니다.

반면, 애플리케이션은 OS에서 동작하는 특정 목적을 지닌 소프트웨어입

니다. 예를 들어 표 계산, 그림 편집, 급여 계산 등을 하는 프로그램을 애플리케이션 소프트웨어라고 합니다. 따라서 VBA에서 A가 뜻하는 애플리케이션이란 엑셀(Excel)이나 워드(Word) 같은 마이크로소프트 오피스 계열의 소프트웨어입니다. 그 외에도 액세스(Access), 파워포인트(PowerPoint), 아웃룩(Outlook) 등이 모두 애플리케이션입니다.

결국 VBA란 엑셀이나 워드 등에 특화된 즉, 그러한 오피스 소프트웨어의 기능을 이용할 수 있는 비주얼 베이직을 기반으로 한 프로그래밍 언어를 말합니다.

VBA를 사용하면 엑셀이나 액세스에 특화된 업무를 자동화하거나, 엑셀이나 액세스의 기능을 확장해 입력 폼을 만든다든지 하여, 전문 애플리케이션이 수행하는 기능과 유사한 기능을 구현할 수 있습니다. 실용적인 애플리케이션을 엑셀이나 액세스의 기능을 써서 비교적 짧은 시간에 만들 수 있다는 게 VBA의 가장 큰 장점입니다. 그런 특징 때문에 실제 업무에서 많이 사용합니다.

하지만 반드시 마이크로소프트 오피스를 써야 한다는 단점이 있습니다. 또한, 업무에 필요한 기능이나 데이터의 양이 엑셀이나 액세스가 처리할 수 있는 범위를 넘게 되면 방법이 없습니다. VBA는 어디까지나 엑셀이나 액세스라는 애플리케이션 안에서 동작하기 때문입니다.

또한 마이크로소프트 오피스의 맥(Mac) 버전도 있지만 기반이 되는 운영체제가 다르기 때문에, 맥용 VBA는 윈도우보다 사용할 수 있는 기능이 적어 윈도우에서 작성한 VBA 프로그램을 맥에서는 사용하지 못할 때가 많습니다. MS 오피스와 호환되는 여타 오피스 프로그램들[2]에서도 VBA 프로그램을 사용할 수 없습니다. 데이터는 호환되지만, VBA가 호환되지 않기 때문입니다.

이렇듯 VBA는 동작하는 플랫폼이 한정적이고 범용성에 문제가 있습니다.

2 (옮긴이) 오픈오피스(OpenOffice)나 리브레오피스(LibreOffice) 등이 있습니다.

반면 범용 프로그래밍 언어인 파이썬은 인터프리터로 동작하므로, 여러 하드웨어나 OS에서 문제없이 사용할 수 있습니다.

용어 해설 **인터프리터 언어와 컴파일러 언어**

사람이 작성한 프로그래밍 코드를 컴퓨터는 그대로 실행하지 못합니다. 프로그래머는 '프로그램을 작성한다'고 말하지만, 실제로는 프로그래밍 언어 문법에 맞춰 키보드로 코드를 입력하는 것에 불과합니다. 컴퓨터가 유일하게 실행할 수 있는 코드는 기계어입니다. 기계어는 사람이 이해하기도 입력하기도 어렵습니다. 따라서 프로그래머가 입력한 코드를 컴퓨터가 이해할 수 있도록 기계어로 변환해야 합니다. 이런 변환 기능을 하는 것이 인터프리터와 컴파일러입니다. 둘은 동작 방법이 서로 다릅니다.

인터프리터는 작성된 프로그램을 한 줄씩 기계어로 변환해 하나씩 실행합니다.

반면에 프로그램 전체를 미리 기계어로 변환하는 것이 컴파일러입니다. 변환된 실행 파일을 열면 프로그램이 실행됩니다.

파이썬에서는 각각의 OS에 대응하는 인터프리터를 파이썬을 설치할 때 함께 설치합니다. 파이썬 프로그램 코드는 이 인터프리터가 해석해서 실행합니다.

프로그래밍 언어에 따라서는 인터프리터와 컴파일러를 함께 사용하는 경우도 있습니다. 예를 들어 자바는 컴파일러를 사용하지만, 컴파일러가 작성하는 것은 '중간 코드'라고 부르는 코드입니다. 이 시점에는 아직 기계어가 아닙니다. 이 중간 코드를 각각의 OS(윈도우나 맥 OS, 리눅스)에서 동작하는 자바 가상 머신(Java Virtual Machine)이 인터프리터처럼 기계어로 변환해 실행합니다.

파이썬은 윈도우뿐만 아니라 맥 OS, 우분투(Ubuntu) 같은 리눅스 OS에서도 동작합니다. 일반 PC는 물론 네트워크에 있는 서버에서도 동작합니다. 요즘 자주 듣는 클라우드 서버에서도 사용합니다.

또한 파이썬은 실행에 필요한 메모리나 CPU, 하드디스크의 용량 자원이 적게 든다는 장점이 있습니다. 따라서 라즈베리 파이 같은 저가의 단일 보드 컴퓨터에서도 동작합니다.

이렇듯 파이썬은 광범위한 환경에서 프로그램을 작성, 실행할 수 있습니다.

입문자를 위한 VBA 추가 설명

엑셀을 제법 다뤄본 사람이라면 "그래도 엑셀 하면 VBA 아니겠어?"라고 생각할지도 모릅니다. 그래서 VBA와 파이썬을 좀 더 자세히 비교해 보겠습니다. 때에 따라서는 어려운 이야기라고 느낄 수도 있는데 반드시 완벽히 이해할 필요는 없습니다. 어려운 부분은 그냥 넘어가도 괜찮습니다.

비주얼 베이직은 1990년대에 마이크로소프트에서 개발한 범용 프로그래밍 언어로 역사가 깊은 언어입니다. 베이직이라고 부르는 언어의 맥을 잇는 언어입니다.

베이직(BASIC, Beginner's All-purpose Symbolic Instruction Code)은 PC가 나온 초창기에 알기 쉽고 누구나 사용할 수 있는 프로그래밍 언어로 인기를 끌었습니다. 전문 프로그래머가 아니라 개인도 즐겁게 프로그래밍할 수 있는 시대가 왔다며 지금의 파이썬과 비슷한 인기를 누렸습니다.

그런 베이직 언어의 흐름을 계승한 비주얼 베이직은 지금도 유력한 통합 개발 환경[3]입니다. 입력 폼을 만들고, 버튼 같은 GUI 부품을 배치하고, 클릭 이벤트를 처리하는 프로그램을 만드는 개발 방법은 RAD(Rapid Application Development)라고 부르며 인기가 있었습니다.

비주얼 베이직의 인기가 높아지는 데 발맞추어 VBA는 1990년대 후반, 엑셀, 액세스에 실리게 되었습니다. 이렇게 해서 엑셀, 액세스는 일반 애플리케이션 소프트웨어의 범주를 넘어 전용 애플리케이션 개발도 가능한 환경이 되었습니다. VBA를 싣게 되면서 입력 폼에 버튼을 배치해 워크시트에 있는 값을 처리하거나 엑셀 함수로는 할 수 없던 복잡한 계산도 실행할 수 있게

---

3 통합 개발 환경(Integrated Development Environment, IDE)은 코딩, 디버깅, 컴파일, 배포 등 프로그램 개발에 필요한 모든 작업을 하나의 프로그램 안에서 처리할 수 있는 소프트웨어를 말한다.

되었습니다.

VBA는 마이크로소프트 오피스 버전의 업그레이드에 따라 기능이 강화되었지만, 기본적인 언어 사양에는 큰 변화가 없었습니다. 베이직은 초보자를 위한 언어라서 이해하긴 쉽지만 입력해야 할 코드가 길어지는 단점이 있습니다.

어떤 식으로 VBA 코드가 길어지는지 다음 예제로 살펴봅시다.

```
1  For i = 1 To 5
2  ___If Cells(i, 1).Value >= 60 Then
3  ___ ___Cells(i, 2).Value = "good"
4  ___Else
5  ___ ___Cells(i, 2).Value = "bad"
6  ___End If
7  Next
```

이 예제는 A열 1행부터 5행 사이에 들어 있는 값을 조사해서 60점 이상이면 그 옆 셀에 good을, 그렇지 않으면 bad라고 출력하는 코드입니다. 조건 분기 if 문에 대응하는 Then이 있어야 하고 반드시 End If로 끝나야 합니다.

하지만 파이썬은 같은 내용이라도 훨씬 짧은 코드로 깔끔하게 작성할 수 있습니다.

다음은 앞에서 작성한 VBA 코드를 삼항 연산자라는 파이썬 문법을 이용해 만든 코드입니다.

```
1  for row in range(1, 6):
2  ___sh.cell(row, 2).value = "good" if sh.
       cell(row, 1).value >= 60 else "bad"
```

이렇게 파이썬은 두세 줄로 끝났습니다. VBA처럼 말이 계속 끊이지 않고 이어지는 방식과는 다르지요.

03 │ 파이썬 프로그래밍 환경 설정하기

파이썬이 업무에 도움이 되는 프로그래밍 언어라는 것을 이제 알게 되었으니 파이썬을 본격적으로 사용해 봅시다. 일반 사무 환경에서 사용한다고 가정해서 윈도우 10 환경에 파이썬을 설치하겠습니다. 파이썬을 모두 설치하고 나서 계속해서 코드를 작성하는 에디터도 설치하겠습니다.

파이썬 설치하기

파이썬을 설치하려면 우선 윈도우용 설치 프로그램을 다운로드해야 합니다. 웹 브라우저를 열고 *https://www.python.org/*에 접속합니다.

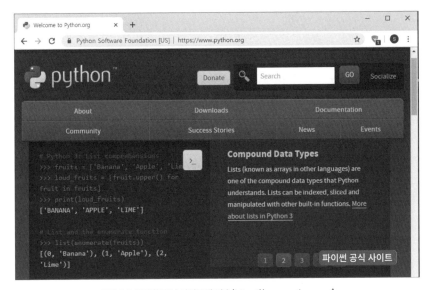

그림 1-3 파이썬 공식 사이트에 접속(*https://www.python.org/*)

홈페이지 메뉴에 있는 [Downloads]를 클릭하고, 나온 메뉴에서 [Windows]를 선택합니다.

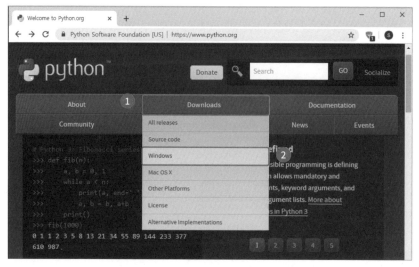

그림 1-4 [Downloads], [Windows] 순서로 클릭

홈페이지 중간에 최신판 〈다운로드〉 버튼이 있지만, 다운로드 정보를 살펴보기 위해서 메뉴에서 직접 선택해 보았습니다.

페이지가 바뀌면 윈도우용 파이썬 페이지가 열리는데, 여기에서 최신판뿐만 아니라 현재 개발하고 있는 시험판 버전을 보거나 이전 버전을 다운로드할 수 있습니다.

페이지 상단에 파이썬 최신판(Latest Release)이 두 종류 있는 것을 알 수 있습니다.

이것은 각각 파이썬 3과 파이썬 2 버전의 최신판을 뜻합니다. 파이썬 2는 전통 버전이고 파이썬 3은 새롭게 개발된 버전입니다.

설치할 버전은 최신판 파이썬 3입니다. Latest Python 3 Release - Python 3.x.x 링크를 클릭해서 페이지를 엽니다. 이 책을 집필할 당시 최신 버전은 3.7.4였습니다. 이 숫자는 달라질 가능성이 있는데 숫자와 상관없이 Lat-est(최신) 버전을 다운로드하면 됩니다.[4][5]

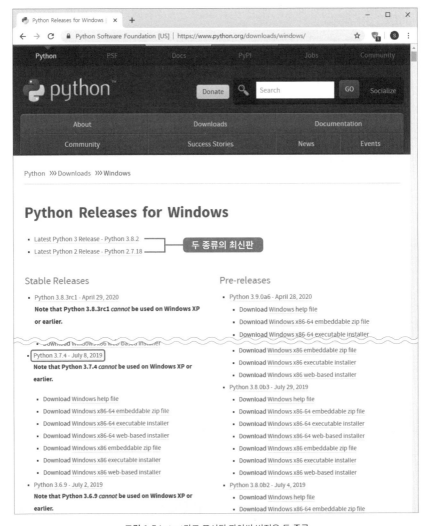

그림 1-5 Latest라고 표시된 파이썬 버전은 두 종류

4 이 책의 한국어판을 편집할 무렵의 최신 버전은 3.8입니다. 이 버전에서는 7장에서 소개할 라이브러리가 여전히 동작하지 않는 문제가 있었습니다. 독자가 책을 읽는 시점에는 수정되었을 수도 있지만, 최신판에서 여전히 문제가 생길 수 있어 이 책에서는 그림 1-5에 표시된 페이지를 스크롤하면 나오는 Stable Release에서 파이썬 3.7.4 버전을 클릭합니다.
5 사용하는 운영체제에 따라 3.7 또는 3.7.4가 아닌 다른 버전이 표시될 수도 있습니다.

어떤 파이썬 버전을 선택해야 할까요? 앞으로는 파이썬 3을 선택해야 합니다.[6] 하지만 인터넷에 올라온 파이썬 관련 정보를 검색하다 보면 여전히 파이썬 2로 작성한 정보가 많습니다. 어느 버전인지 나와 있으면 좋겠지만 표시되지 않은 경우도 많습니다.

그럴 때 간단히 구분하는 방법이 있는데 print 문을 보면 됩니다. 파이썬 2의 print는 독립적인 문[7]이므로 이렇게 작성합니다.

```
print "Hello, Python"
```

하지만 파이썬 3의 print( )는 함수입니다. 따라서 이렇게 작성합니다.

```
print("Hello, Python")
```

소개된 코드를 잘 보고 확인하기 바랍니다.

파이썬 3 최신판(Python 3.7.4 권장) 페이지가 열리면 아래로 스크롤합니다. 하단의 Files 항목에 다운로드할 수 있는 파일 목록이 있습니다.

Windows로 시작하는 것에도 여러 종류가 있습니다. x86-64는 64bit 설치 패키지이고 x86만 적힌 것은 32bit입니다. 윈도우 10의 64bit OS라면 둘 다 사용할 수 있는데, 이 책에서는 64bit를 사용합니다. OS가 32bit인 경우에는 x86을 다운로드해야 합니다.[8]

32bit, 64bit에는 다시 세 종류의 다운로드 파일이 있는데 무엇을 선택해도 파이썬을 설치할 수 있지만 가장 간단히 설치할 수 있는 것은 executable in-

---

6 (옮긴이) 파이썬 2는 개발이 중지되어 더는 기능을 추가하거나 개선하지 않습니다. 따라서 특별한 이유가 없는 한 파이썬 3이 기본이라고 생각하면 됩니다.

7 명령이나 선언에서 사용하는 문(statement)은 값을 돌려주는 함수, 표현식과 더불어 프로그램을 구성하는 중요한 요소 가운데 하나입니다.

8 사용하는 윈도우 PC가 32bit인지 64bit인지 잘 모를 경우에는 [시작] 메뉴에서 [설정]을 열고 [시스템] → [정보]를 선택합니다. 시스템 정보를 확인해 보면 OS가 32bit인지 64bit인지 표시됩니다.

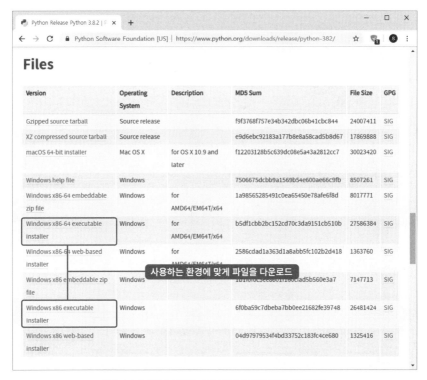

그림 1-6 파이썬 3 최신판 페이지에서 다운로드 가능한 파일들

staller입니다. 사용하는 OS에 따라 32bit 또는 64bit의 executable installer를 자신의 컴퓨터에 다운로드합니다.

그리고 다운로드한 파일을 더블클릭하면 설치가 시작됩니다.[9] 설치 화면에서 설정 가능한 항목을 살펴봅시다.

---

9 설치 도중에 "이 앱이 디바이스를 변경하도록 허용하겠습니까?"를 묻는 확인 화면이 표시된다면, 〈예(OK)〉를 클릭해서 설치를 진행합니다.

그림 1-7 설치 시작 화면

해당 화면에서 Add Python 3.7 to PATH를 체크합니다. 이렇게 하면 매번 파이썬이 설치된 폴더로 이동하지 않아도 파이썬을 실행할 수 있게 됩니다.

그리고 사용의 편의성을 위해 설정을 변경하도록 Customize installation을 클릭합니다. 그러면 [Optional Features] 화면이 표시됩니다.

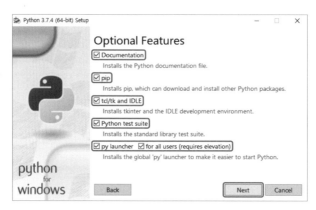

그림 1-8 Optional Features 설정 화면

표시된 선택 화면에서 기본값으로 모든 항목이 체크되어 있는지 확인하고 〈Next〉 버튼을 클릭합니다. 이제 [Advanced Options] 화면이 표시됩니다.

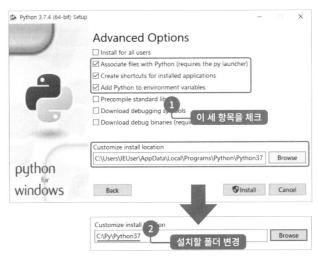

그림 1-9 Advanced Options에서 세 가지 항목을 체크하고 설치 폴더를 변경

[Advanced Options] 화면에서는 Associate files…, Create shortcuts…, Add Python to environment variables 세 항목을 체크하고, Customize install location에서 설치할 장소(폴더)를 변경합니다. 기본값 그대로라면 여러 단계의 폴더를 거쳐야 하므로 단순한 경로 폴더로 변경합니다.

예제에서는 c:\Py\Python37로 지정했습니다. 짧은 폴더 경로를 사용하는 것이 중요합니다. 경로를 변경했으면 〈Install〉 버튼을 클릭해서 설치를 진행합니다. Setup was successful이라고 표시되면 설치 완료입니다.

그림 1-10 설치 완료

설치 완료 화면 아랫부분에 Disable path length limit라는 메시지가 있는데 이걸 클릭하면 OS에 설정된 경로 길이 제한(MAX_PATH)이 해제됩니다. 파이썬을 설치한 경로를 짧게 바꿨으므로 이 설정을 따로 변경하지 않아도 됩니다. 〈Close〉 버튼을 클릭해서 설치를 종료합니다.

파이썬을 실행해서 동작 확인

설치가 끝났으면 [시작] 메뉴에 파이썬이 추가되어 있을 겁니다.

그림 1-11 [시작] 메뉴에서 Python 3.7 폴더를 확인

[시작] 메뉴에서 [IDLE(Python 3.7 64-bit)]를 클릭해서 실행합니다.

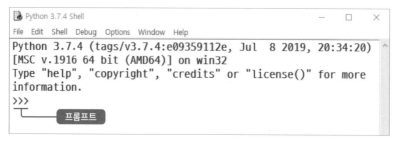

그림 1-12 파이썬 3.7.4 셸 화면

Python 3.7.4 Shell이 실행됩니다. 셸(Shell)이란 일반적으로 운영체제(OS)에 직접 명령할 수 있게 만든 소프트웨어를 뜻하는데, 여기에서는 OS가 아니라 파이썬이 그 대상입니다. >>>은 프롬프트라고 부르는 명령 대기 상태를 표시하는 기호로, 이 뒤에 파이썬 코드를 입력합니다. 코드를 모두 입력하고 〈엔터(Enter)〉 키를 누르면 코드가 실행됩니다. 이것을 인터렉티브 모드라고 부릅니다. 인터렉티브는 대화한다는 의미입니다.

셸 창이 열리고 프롬프트가 표시되면 이렇게 입력하고 〈엔터〉키를 누릅니다.

```
print("Hello, Python")
```

그림 1-13 입력한 코드 다음 줄에 Hello, Python이 출력됨

바르게 코드를 입력했다면 Hello, Python이라고 출력됩니다. 이것으로 파이썬의 동작 확인이 끝났습니다.

비주얼 스튜디오 코드 설치

이제 소스 코드 에디터인 비주얼 스튜디오 코드(Visual Studio Code)를 설치해 봅시다. 비주얼 스튜디오 코드는 마이크로소프트에서 만든 무료 프로그램으로 프로그래밍이 무척 편해지는 도구입니다.

비주얼 스튜디오 코드를 사용하려면 우선 공식 사이트(*https://code.visualstudio.com/*)에서 설치 프로그램을 다운로드해야 합니다.

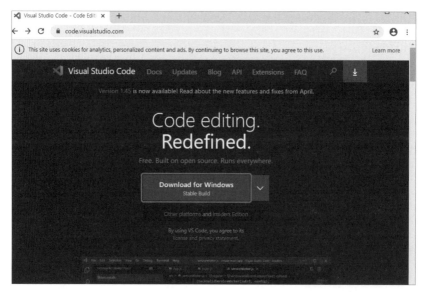

그림 1-14 비주얼 스튜디오 코드 공식 사이트에서 윈도우용을 다운로드

윈도우 PC에서 공식 사이트를 열면 화면 한가운데에 Download for Windows 버튼이 표시됩니다. 이걸 클릭해서 실행 파일을 다운로드합니다. 사이트에서 자동으로 사용자의 운영체제를 판별하므로 맥 OS를 사용한다면 Download for Mac 버튼이 표시될 겁니다. 버튼 두 번째 줄에 표시되는 Stable Build는 안정판이라는 의미입니다. 소프트웨어에 따라서는 알파 버전(개발자 테스트용), 베타 버전(일반 시험용), 출시 후보(Release Candidate)와 같이 개발 중인 버전을 사용자에게 미리 공개해서 새로운 기능을 빠르게 소개하거나, 개발자나 소비자에게 테스트 또는 평가를 의뢰하기도 합니다. 이러한 절차를 거쳐 기능을 개선하면 비로소 안정판(Stable Build)을 공개하게 됩니다.

컴퓨터에 다운로드한 파일을 더블클릭하면 설치가 시작됩니다. 비주얼 스튜디오 코드를 설치할 때는 설정 옵션을 특별히 변경하지 않아도 됩니다.

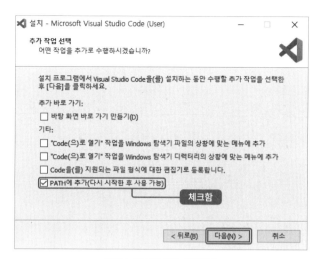

그림 1-15 추가 작업 선택 화면

추가 작업 선택에서는 'PATH에 추가'가 체크되어 있는지 확인합니다. 기본 값은 이미 체크된 상태입니다. 그대로 〈다음〉 버튼을 클릭해서 설치를 시작합니다.

프로그래밍이 편리해지는 확장 기능 추가

비주얼 스튜디오 코드 설치를 마쳐도 준비가 끝난 것은 아닙니다. 파이썬으로 프로그래밍하려면 확장 기능(Extension)이 필수입니다. 추가할 것은 한국어 팩(Korean Language Pack for Visual Studio Code)과 파이썬 코드 입력을 지원하는 확장 기능(Python Extension for Visual Studio Code)입니다. Python Extension for Visual Studio Code를 설치하면 자동 들여쓰기, 프로그램 코드 자동 완성(IntelliSense), 정밀한 문법 체크(Lint 기능)를 비롯한 다양한 프로그래밍 지원 기능을 비주얼 스튜디오 코드에서 사용할 수 있게 됩니다.

먼저 비주얼 스튜디오 코드를 실행해서 한국어 팩을 설치해 봅시다.

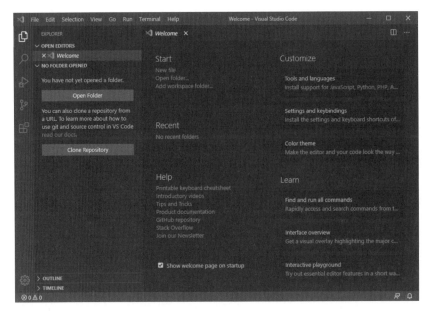

그림 1-16 비주얼 스튜디오 코드 실행 화면

실행되었으면 화면 왼쪽에 나열된 아이콘 가운데 위에서 5번째에 있는 Extensions 아이콘을 클릭합니다. 그러면 확장 기능을 검색하는 Search Extensions in Marketplace가 표시되는데 Korean을 입력해서 검색합니다.

그림 1-17 확장 기능에서 Korean으로 검색

검색 결과에 비주얼 스튜디오 코드 한국어 팩(Korean Language Pack for Visual Studio Code)이 표시됩니다. 만약 검색 결과가 나타나지 않는다면 Language 또는 Microsoft 키워드를 추가해서 다시 검색해 보기 바랍니다. 찾았으면 〈Install〉을 클릭합니다.

확장 기능 설치는 금방 끝납니다. 〈Install〉 표시 대신에 설정을 뜻하는 톱니바퀴(⚙) 모양의 아이콘이 나타나고, 화면 오른쪽 아래에 다시 실행하겠냐고 묻는 창이 표시되면 설치가 된 것입니다.

그림 1-18 VS 코드용 한국어 팩(Korean Language Pack for Visual Studio Code) 설치 완료 화면

하지만 아직 한국어 팩 설치가 완전히 끝난 것은 아닙니다. 비주얼 스튜디오 코드를 다시 시작해야 적용되므로 화면 오른쪽 아래에 표시된 〈Restart Now〉 버튼을 클릭합니다.

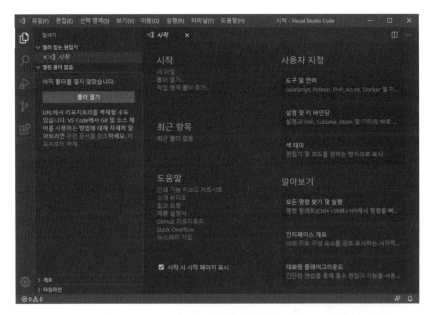

그림 1-19 다시 시작해서 한국어가 나온 화면

다시 시작하면 비주얼 스튜디오 코드가 한국어로 표시됩니다. 계속해서 확장 기능 검색 화면으로 돌아가서 이번에는 파이썬 확장 기능(Python Extension for Visual Studio Code)을 설치합시다. 마찬가지로 확장 기능에서 Python을 입력해 검색합니다.

그림 1-20 이번에는 Python으로 검색

Microsoft라고 개발자 표시가 되어 있는 Python 확장 기능을 설치합니다. 설치가 끝났으면 동작을 확인해 봅시다. 화면 왼쪽 메뉴 제일 위에 있는 아이콘을 클릭합니다. 그러면 비주얼 스튜디오 코드에서 파일을 관리하는 탐색기 화면이 열립니다.

그림 1-21 탐색기 화면에서 테스트

이 시점에서는 "아직 폴더를 열지 않았습니다"라는 메시지가 표시됩니다. 메시지 아래에 있는 '폴더 열기'를 클릭해서 작업할 폴더를 만들고 열어 봅시다. 폴더는 C 드라이브의 문서 폴더에 'python_prg'라는 이름으로 미리 만들어 둡니다.[10] 계속해서 〈폴더 선택〉 버튼을 클릭해 python_prg 폴더를 엽니다.

---

10 (옮긴이) 이 폴더는 앞으로 이 책의 주요 예제를 실습할 공간입니다. 이 책의 실습에 대한 사항은 다시 상세히 설명합니다.

그림 1-22 python_prg 폴더에 파일 작성

폴더를 열었으면 폴더명에 마우스 포인터를 갖다 대면 나타나는 아이콘 가운데 새로운 파일을 작성하는 아이콘을 클릭합니다. 아래에 파일명을 입력하는 창이 표시되는데 'sample.py'라고 입력합니다.

이것으로 코드를 작성할 준비가 끝났습니다. 탐색기 창 오른쪽을 보면 [sample.py] 탭이 열려 있고, 그 아래가 우리가 코딩할 공간입니다. 여기에 이렇게 입력합니다.[11]

```
print("한글")
```

그리고 파일을 저장합니다.

![sample.py 코딩 화면]

그림 1-23 print("한글") 코딩 화면

---

11 이때 Linter pylist in not installed라는 대화상자가 하단에 표시되면 화면 지시에 따라 Linter pylist를 설치합니다. 린터(Linter)는 코드를 분석해 오류나 문제점을 찾도록 도와주는 도구입니다.

그러면 입력한 코드를 실행해 봅시다. 짧은 코드라면 파이썬을 불러와 실행하지 않아도 비주얼 스튜디오 코드에서 결과를 확인할 수 있습니다. [실행] 메뉴에서 [디버깅 없이 실행]을 선택해서 프로그램을 실행합니다.

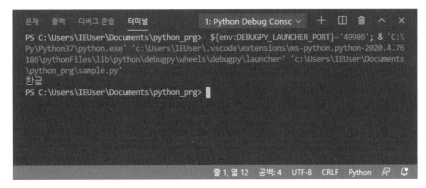

그림 1-24 입력한 코드를 [터미널]에서 실행한 결과

그러면 화면 아래에 표시된 [터미널]에서 프로그램 실행 과정이 출력됩니다. 표시 화면을 [디버그 콘솔][12]로 변경해 봅시다.

　[디버그 콘솔]에는 '한글'이라는 출력 결과만 표시됩니다. 이것으로 비주얼

---

12 (옮긴이) 비주얼 스튜디오 코드 최신 버전에서 [디버그 콘솔]에 결과가 출력되지 않는 현상이 있습니다. 그럴 때는 [실행] 메뉴에서 [구성 열기]를 선택하면 환경 설정(python current file을 선택) 관련 파일인 launch.json 파일이 열립니다. 다음 화면을 참조해서 "redirectOutput": true를 추가하고 프로그램을 다시 시작하면 [디버그 콘솔]에 실행 결과가 표시됩니다. 예제 프로그램들은 [터미널]과 [디버그 콘솔]에 같은 출력 결과가 표시되므로 어느 쪽을 확인해도 무방합니다.

스튜디오 코드의 설치와 동작 확인도 끝났습니다. 프로그래밍을 위한 환경 설정은 이것으로 모두 완료되었습니다.

그림 1-25 [디버그 콘솔]에 실행 결과인 '한글'이 표시됨

드디어 준비를 마쳤으니 2장부터는 본격적으로 프로그래밍 공부를 해봅시다!

파이썬과 프로그래밍 기본

유비 꾸준히 공부하다

유비는 회사 휴게실에서 저녁밥 대신에 샌드위치를 먹고 있습니다.

은미   비~ 또 만났네. 뭐 먹고 있는 거야? 야근?

유비   좀 있다가 파이썬 세미나가 있어. 퇴근 안 해? 손에 든 게 뭐야?

은미   영양제! 오늘 회식이거든.

유비   고생이네. 건강 좀 챙겨.

은미   조 과장님이 영업은 술자리도 일이라고 하셔서 말이야. 오늘은 달린
        다나 뭐라나.

유비   어째, 즐기는 것 같은데?

은미   잘못 본 거겠지. 그런데 프로그래밍 세미나는 왜? 이제 프로그램 짤
        줄 아는 거야?

유비   파이썬으로 간단한 프로그램 정도는 짜면서 문법을 익히고 있지만 아
        직 멀었어.

은미   문법이라는 게, 영문법할 때 그거야?

유비   비슷하긴 한데, 영어처럼 사람이 쓰는 언어는 대충 뜻이 통하면 분위
        기로 아는 경우도 있지만, 컴퓨터 언어는 한 글자도 틀리면 안 돼. 잘
        못하면 에러가 나서 프로그램이 정지하거든.

은미   융통성이 없는 녀석이네. 저번 TV에서 본 인공지능은 애매하게 말해도
        잘 알아들어서 컴퓨터가 꽤 똑똑해진 줄 알았더니 그렇지도 않군?

유비   보이는 거랑 실제 만드는 것은 차이가 있지. 프로그래밍은 하루아침
        에 이루어지지 않는 법이야.

은미　자, 이거 마셔. 서로 힘내자고.

■　■　■　■　■　■　■　■　■　■　■　■　■　■　■　■　■　■　■　■

프로그래밍 환경도 구축했으니 이제 본격적으로 프로그래밍을 해봅시다. 지금이라도 당장 엑셀 작업을 자동화하고 싶겠지만 프로그래밍이 처음이라면 기초 지식이 필요합니다.

　프로그래밍 언어에 따라 달라지는 문법이 있는가 하면, 모든 언어에 공통으로 적용되는 지식, 규칙, 작성법도 있습니다. 이 장에서는 파이썬을 중심으로 꼭 필요한 프로그래밍의 기본을 설명하겠습니다.

01 │ 파이썬 문법

제일 먼저 기억해야 하는 것은 변수와 자료형, 연산자, 함수입니다. 이것만으로도 책 한 권이 나올 만큼 중요한 것들입니다. 한두 번 봐서는 바로 이해되지 않겠지만 3장 이후에도 계속 나오므로 그때마다 다시 읽어보면서 이해하기 바랍니다.

변수와 자료형

변수는 프로그래밍 언어에서 가장 기본이 되는 기능입니다. 변수는 프로그램을 실행할 때 필요한 값을 기억하기 위해, 컴퓨터 메모리의 일부에 이름을 붙여 사용하는 방법입니다.

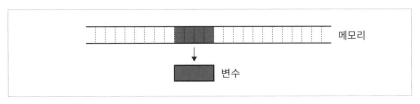

그림 2-1 변수 이미지

예를 들어 수많은 판매 데이터에서 어느 거래처의 판매액 합계를 구하거나 어떤 프로세스의 경과 시간을 측정할 때 변수를 사용합니다. 물론 숫자뿐만 아니라 문장을 표시하는 문자열, 주어진 조건을 만족하는지 여부를 표시하는 값 등을 저장할 때도 변수를 사용합니다. 이렇게 변수는 여러 종류의 값을 다룹니다. 프로그래밍 언어에서 다양한 종류의 변수를 잘 구분해 사용할 수 있도록 미리 분류해 둔 것이 바로 자료형입니다.

자료형 종류		내용
수치형	정수형(int)	소수부가 없는 숫자를 표현 마이너스를 붙이면 음수, 없으면 양수 예) −120, −3, 0, 3, 1600
	실수형(float)	소수부가 있는 숫자를 표현 예) 12.234, −123.456
불 자료형(bool)		참(True), 거짓(False)이라는 두 값을 표현
문자열형(str)		문자가 하나 이상인 문자열을 표현 작은따옴표(') 또는 큰따옴표(")로 감쌈 예) 'Hello', "See you", '안녕', "또 봐!"

표 2-1 네 종류의 자료형

파이썬의 기본 자료형은 다른 프로그래밍 언어에 비해 간단합니다. 소수부가 없는 숫자는 정수형(int), 소수부가 있는 숫자는 실수형(float)입니다. 자바 같은 언어라면 정수형에도 값의 크기(자릿수)에 따라 다섯 종류 이상의 자료형이 있어서 프로그래머가 상황에 맞는 것을 잘 골라 써야 합니다.

불 자료형은 참(True)과 거짓(False), 두 종류의 값을 표현합니다. True와 False 두 값밖에 없어 쓸모가 있을까 싶겠지만, 불 자료형은 프로그램 제어에 사용하는 중요한 자료형입니다.

문자열형(str)은 문자가 하나 이상인 문자열을 표현합니다. 언어에 따라서는 글자 개수에 따라 자료형을 나누기도 하지만[1] 파이썬은 구분하지 않습니다.

1 C 언어라면 문자열이 한 글자일 때와 두 글자 이상일 때 자료형이 다릅니다.

프로그램을 작성할 때 어떤 자료형으로 할지, 미리 정하는 프로그래밍 언어를 정적 언어라고 부릅니다. 자바나 C 언어가 대표적인 정적 언어입니다. 정적 언어는 변수를 정할 때 그 자료형도 선언해야만 합니다.

이에 비해 파이썬은 동적 언어입니다. 그래서 변수의 자료형은 프로그램을 실행할 때 즉, 그 변수에 어떤 값이 들어가는지에 따라 정해집니다. 지금부터는 1장에서 파이썬의 동작을 확인할 때 사용한 파이썬 IDLE를 써서, 파이썬이 다루고 있는 변수의 자료형이 어떻게 동작하는지 실제 프로그램 코드를 작성하면서 확인해 보겠습니다. 파이썬 IDLE에서 코드를 입력하고 〈Enter〉 키를 누르면 코드가 실행됩니다.

다음과 같이 프롬프트(>>>) 뒤에 입력합니다.

```
a = 6
```

a = 6은 변수 a를 선언하고 a에 6을 대입하는 프로그램 코드입니다. =는 대입 연산자라고 하는데, = 오른쪽에 있는 값을 왼쪽에 있는 변수에 넣습니다. a 값은 6이므로 자료형은 정수형이어야 합니다.

파이썬은 type( ) 함수로 어떤 자료형인지 확인할 수 있습니다. 프롬프트에서 다음과 같이 입력합니다.

```
type(a)
```

출력된 결과로 a는 정수형 변수라는 것을 알 수 있습니다.

```
<class 'int'>
```

변수 a는 6을 대입한 순간 정수형이 되었다는 뜻입니다.

```
Python 3.7.4 Shell                                    —   □   ×
File  Edit  Shell  Debug  Options  Window  Help
Python 3.7.4 (tags/v3.7.4:e09359112e, Jul  8 2019, 20:34:20)
 [MSC v.1916 64 bit (AMD64)] on win32
Type "help", "copyright", "credits" or "license()" for more
information.
>>> a = 6
>>> type(a)
<class 'int'>
>>>
                                                          Ln: 6  Col: 4
```

그림 2-2 변수 a에 6을 대입하고 자료형을 확인

이제 같은 변수 a에 소수점이 있는 숫자를 대입하고, 마찬가지로 a의 자료형
을 확인해 봅시다.

```
File  Edit  Shell  Debug  Options  Window  Help
>>>
>>> a = 3.14
>>> type(a)
<class 'float'>
>>>
```

그림 2-3 3.14를 대입하면 변수 a는 실수형이 됨

그랬더니 이번에는 변수 a가 실수형이 되었습니다. 이것은 자료형이 (정적이
아닌) 동적으로 결정된다는 의미입니다.

같은 방식으로 변수 a에 Hello라는 문자열을 대입하면 문자열형이 되고,
불 값인 True를 대입하면 불 자료형이 됩니다. 큰따옴표로 감싼 "Hello"는 문
자열이지만 따옴표 없이 True라고 쓰면, 불 자료형인 True 그 자체가 됩니다.

```
File  Edit  Shell  Debug  Options  Window  Help
>>>
>>> a = "Hello"
>>> type(a)
<class 'str'>
>>> a = True
>>> type(a)
<class 'bool'>
>>>
```

그림 2-4 대입한 값에 따라 문자열 또는 불 자료형으로 변환됨

변수명 짓기

변수명은 마음대로 짓는 게 아니라 몇 가지 제약 사항이 있습니다.

- 변수명에 사용할 수 있는 문자는 영문 대소문자, 숫자, _(언더스코어)

  언더스코어 이외의 기호나 공백 문자는 변수명으로 사용할 수 없습니다.

- 변수명은 숫자로 시작할 수 없음

  str1은 사용할 수 있지만 1str은 불가능합니다.

- 대문자와 소문자 구분

  파이썬은 A와 a는 서로 다른 변수명으로 인식합니다(마찬가지로 Abc와 abc는 서로 다릅니다).

- 예약어는 사용 불가

  1장의 표 1-1에 소개한 파이썬 예약어는 변수명으로 사용할 수 없습니다. 즉, if를 변수명으로 쓰는 if = 5와 같은 표현은 불가능합니다.

이런 제약 사항만 지키면 원하는 대로 변수명을 지을 수 있지만, 자신만의 규칙을 정하는 편이 좋습니다. 다양한 변수를 사용하는 프로그램을 만들 때, 변수명의 의미를 알기 힘들다면 변수를 잘못 쓰거나 혼동할 수 있기 때문입니다.

그렇다면 어떤 식으로 변수명을 짓는 게 좋을까요? 보통은 영어 소문자를 써서 알기 쉽게 이름을 붙이는 방법을 추천합니다.

예를 들어 cost나 price같이 익숙한 영어 단어를 사용하는 것입니다. 비슷한 성질의 변수가 여러 개라면 숫자와 조합해서 cost1, cost2처럼 짓거나, 의미를 표현하는 말을 언더스코어와 함께 써서 price_normal, price_sale처럼 짓는 게 좋습니다.

다른 프로그래밍 언어에서는 값을 정할 수는 있지만, 한번 정하면 도중에 변경할 수 없는 상수라는 자료형이 있고 변수와 다르게 선언합니다.[2] 파이썬 문법에서는 상수에 해당하는 자료형은 없지만, 프로그램을 시작해서 종료할

---

2 (옮긴이) 상수는 모든 곳에서 언제나 같은 값을 갖기 때문에 가독성이 좋고, 유지 보수가 쉽다는 장점이 있습니다.

때까지 값이 변하지 않는 변수를 상수처럼 쓰기도 합니다. 그런 변수라면 잘못해서 다른 값으로 변경하지 않도록 일반 변수와 구분할 수 있는 이름을 붙이는 게 좋습니다. 상수로 쓰는 변수는 모든 글자에 영어 대문자를 쓰는 것을 추천합니다. 예를 들어 최고 가격이라면 PRICE_MAX = 100000과 같이 정의합니다.

산술 연산자

변수에 값을 대입하는 대입 연산자(=)를 앞에서 설명했는데 프로그래밍에서는 그 외에도 여러 연산자를 사용합니다. 파이썬에서 사용하는 기본 연산자로 산술 연산자, 비교 연산자, 복합 대입 연산자, 논리 연산자가 있습니다. 우선 산술 연산자부터 살펴봅시다.

연산 내용	기호
덧셈	+
뺄셈	−
곱셈	*(애스터리스크)
나눗셈	/(슬래시)
나머지	%
몫(정수)	//
제곱	**

표 2-2 산술 연산자

변수의 값을 바꾸거나 변수끼리 계산할 때 산술 연산자를 사용합니다. 파이썬 IDLE로 실습해 봅시다. 우선 변수 a에 5를 대입합니다.

```
File  Edit  Shell  Debug  Options  Window  Help
>>> a = 5
>>> a + 3
8
>>>
```

그림 2-5 +로 덧셈 계산

다음 줄에서 변수 a에 + 연산자로 3을 더합니다. 실행하면 8이라고 표시됩니다.

다음 예제는 변수 b에 2를 대입하고, 변수 a에서 변수 b의 값을 빼서 변수 c에 대입합니다. 그리고 변수 c 값을 print( ) 함수로 출력합니다.

```
File  Edit  Shell  Debug  Options  Window  Help
>>>
>>> b = 2
>>> c = a - b
>>> print(c)
3
>>>
```

그림 2-6 변수에서 변수를 빼서 다른 변수에 대입

이렇게 변숫값을 가지고 빠르게 계산하는 것은 컴퓨터를 전자계산기로 부르던 초창기부터 프로그래밍의 중요한 기능입니다. 변수 a에 5, 변수 b에 3을 대입해서 다른 산술 연산자도 사용해 봅시다.

곱셈은 * 연산자를 사용합니다. a / b는 딱 나누어떨어지지 않기 때문에 몫에는 소수점 이하의 숫자가 포함됩니다. 정수로 몫을 구하려면 // 연산자를 사용합니다. % 연산자는 나머지를 구할 때 사용합니다. **는 제곱입니다.

```
File  Edit  Shell  Debug  Options  Window  Help
>>> a = 5
>>> b = 3
>>> a * b        ← 곱셈
15
>>> a / b        ← 나눗셈
1.6666666666666667
>>> a % b        ← 나머지
2
>>> a // b       ← 몫(정수)
1
>>> a**b         ← 제곱
125
>>>
```

그림 2-7 다른 산술 연산자도 실행해 보기

비교 연산자, 복합 대입 연산자, 논리 연산자

산술 연산자 외에도 중요한 연산자가 있습니다. =는 우변에 있는 값을 좌변에 넣는 대입 연산자라고 설명했는데, 수학에서 = 기호는 등호라고 부르며 좌변과 우변의 값이 같다는 뜻입니다. 그러나 =를 대입 연산자로 사용하는 프로그래밍 언어에서는 두 값이 같다는 뜻의 기호로 =를 두 개 쓴 == 연산자를 사용합니다. 프로그램에서 ==를 사용하면 좌변과 우변이 같은지 조사할 수 있습니다. 이런 연산자를 비교 연산자라고 부릅니다.

연산자	연산 내용
x == y	x와 y가 같을 때 True를 돌려줌
x != y	x와 y가 같지 않을 때 True를 돌려줌
x < y	x가 y보다 작을 때 True를 돌려줌
x <= y	x가 y 이하일 때 True를 돌려줌
x > y	x가 y보다 클 때 True를 돌려줌
x >= y	x가 y 이상일 때 True를 돌려줌

표 2-3 비교 연산자

변수 a에 5를, 변수 b에 3을 대입해서 비교 연산자를 사용해 봅시다. 비교 연산자는 불 값(True 또는 False)을 돌려줍니다. a와 b가 같은지 여부를 확인하는 a == b는 False를 돌려주고, a와 b가 같지 않은지 확인하는 a != b는 True를 돌려줍니다. a가 b보다 작은지 판별하는 a < b는 False를 돌려줍니다. a >= b는 a 값이 b 이상인지 비교해서 조건을 만족하므로 True를 돌려줍니다.

```
File  Edit  Shell  Debug  Options  Window  Help
>>>
>>> a = 5
>>> b = 3
>>> a == b
False
>>> a != b
True
>>> a < b
False
>>> a >= b
True
>>>
```

그림 2-8 비교 연산자를 사용한 다양한 계산

같은 계산을 10번 반복한다면 횟수를 세는 변수에 값을 하나씩 증가시키면서 그 값이 10이 될 때까지 반복해 계산하는 코드 패턴이 필요합니다. 예를 들어 횟수를 세는 변수를 i라고 하면 하나씩 증가시키는 코드는 i = i + 1이 됩니다. 그런데 여기서 복합 대입 연산자를 사용하면 i += 1이라고 줄여 쓸 수 있습니다.

연산자	연산 내용
x += y	x + y 결과를 x에 대입
x -= y	x - y 결과를 x에 대입
x *= y	x * y 결과를 x에 대입
x /= y	x / y 결과를 x에 대입
x %= y	x / y하고 남은 나머지를 x에 대입

표 2-4 주요 복합 대입 연산자

실제로 복합 대입 연산자를 사용해 봅시다.

```
File  Edit  Shell  Debug  Options  Window  Help
>>>
>>> i = 0
>>> i = i + 1
>>> i += 1
>>> i -= 1
>>> print(i)
1
>>> i *= 2
>>> print(i)
2
>>>
```

그림 2-9 복합 대입 연산자를 사용하는 계산

첫 번째 줄에서 변수 i에 초깃값으로 0을 대입하고 두 번째 줄에서 i에 1을 더해서 대입합니다. 세 번째 줄은 복합 대입 연산자를 사용해서 두 번째 줄과 마찬가지로 i에 1을 더해서 대입합니다. 네 번째 줄은 거기서 1을 빼서 다시 대입합니다. 여기까지 한 계산 결과는 1이 될 것입니다. 그 이후 코드는 변수 i에 2를 곱해서 대입하는 코드입니다.

보시다시피 복합 대입 연산자를 사용하면 프로그래머가 입력해야 할 코드가 줄어듭니다. 여러분도 복합 대입 연산자를 다양하게 조합해서 사용해 보기 바랍니다.

끝으로 논리 연산자를 소개합니다. 논리 연산자에도 여러 종류가 있는데 and, or, not은 기억해 두기 바랍니다. 이 연산자들을 사용하면 여러 조건을 한 번에 평가할 수 있습니다. and는 논리곱을 뜻하고 or는 논리합을 뜻합니다.

연산자	연산 내용
x and y	x와 y의 논리곱. x와 y 둘 다 True일 때 True를 돌려줌
x or y	x와 y의 논리합. x 또는 y 하나라도 True라면 True를 돌려줌
not x	x 부정. x가 True라면 False를, x가 False라면 True를 돌려줌

표 2-5 기본 논리 연산자

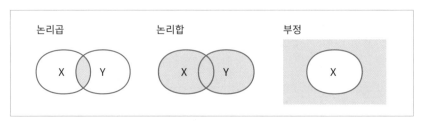

그림 2-10 논리 연산자가 나타내는 범위

여러 조건을 한번에 평가한다는 말이 어떤 뜻인지 이해하기 어려울 수 있으니 실제 코드를 보면서 확인해 봅시다.

```
File  Edit  Shell  Debug  Options  Window  Help
>>>
>>> a = 0
>>> b = 10
>>> a < 1 and b > 9
True
>>> a > 5 or b > 5
True
>>>
```

그림 2-11 논리 연산자 and와 or를 사용한 예제

and를 사용하면 a가 1보다 작고 b가 9보다 클 때 True를 돌려줍니다. or는 둘 중 한쪽이라도 조건이 성립하면 True를 돌려줍니다. a > 5는 조건이 성립하지 않지만, b > 5는 성립하므로 값은 True가 됩니다.

또 다른 논리 연산자 not도 확인해 봅시다.

```
File  Edit  Shell  Debug  Options  Window  Help
>>>
>>> a = False
>>> not a
True
>>>
```

그림 2-12 not 사용 예제

not은 조건을 반전시킵니다. False의 부정은 True입니다.

프로그램을 만들려면 이러한 연산자를 필요에 따라 조합해서 사용하게 됩니다.

함수

파이썬 3을 소개하면서 print( )는 함수라고 1장에서 이야기했는데, print( ) 함수 외에도 수많은 함수가 있습니다.

프로그래밍은 건축과 닮았습니다. 능숙한 사람이라면 설계도 없이도 개집 정도는 바로 기둥을 세우고 판자에 못질해서 뚝딱 만들 수 있습니다. 하지만 설계도 없이 커다란 집을 짓는 것은 불가능하겠지요. 집은 가족이 함께 지낼 거실처럼 공유 공간이 있는가 하면, 창고처럼 자주 드나들지 않는 공간도 있습니다.

프로그래밍도 마찬가지입니다. 어떤 특정 처리에만 필요한 코드가 있는가 하면, 여러 곳에서 반복해서 사용하는 코드도 있습니다. 그렇게 자주 사용하게 되는 코드라면 프로그램 전체가 공유해서 다시 사용하기 쉽도록 함수로 만들게 됩니다.

함수는 사용자가 직접 작성할 수도 있지만, 내장 함수라고 하여 프로그래밍 언어에 이미 포함된 함수도 있습니다. 내장 함수는 프로그래밍할 사람들이 앞으로 많이 필요로 할 것이라는 가정하에 파이썬의 기본 기능에 포함시킨 것이라고 보면 됩니다.

그림 2-13 내장 함수 목록[3]

print() 함수가 하는 역할은 인수를 받아서 그 인수를 출력하는 것뿐입니다. 다른 함수들도 마찬가지로 인수를 받아 처리한 다음, 처리된 값을 되돌려주는 동작을 합니다.

그림 2-14 인수를 받아서 반환값을 돌려주는 함수의 동작 이미지

---

3 전체 파이썬 3 내장 함수는 *https://docs.python.org/ko/3/library/functions.html*에서 확인할 수 있습니다.

예를 들어 abs( ) 함수는 인수의 절댓값을 반환값으로 돌려줍니다. 또한 max( ) 함수는 두 개 이상의 인수를 받아서 그중에 가장 큰 값을 돌려줍니다.

```
File  Edit  Shell  Debug  Options  Window  Help
>>>
>>> abs(-10)
10
>>> max(1,5,10,15,6)
15
>>>
```

그림 2-15 abs( ) 함수와 max( ) 함수를 사용

자신만의 함수도 작성 가능

파이썬에는 이미 다양한 내장 함수가 있지만, 내장 함수는 범용적인 목적으로 만든 것이므로 그것만으로는 원하는 프로그램을 만들기 어렵습니다. 그럴 때는 자신이 직접 함수를 만들어야 합니다.

이렇게 직접 함수를 만드는 것을 함수를 '정의(define)'한다고 합니다. 함수를 언제 정의할지는 어떤 프로그램을 만드냐에 달려 있습니다. 프로그램은 갑자기 코드를 입력한다고 되는 것이 아니므로, 프로그램을 만드는 전체 과정을 보면서 어디에서 함수를 만드는지 확인해 봅시다.

우선 프로그램의 구조를 정리해야 하는데, 일단 프로그램의 목적에 맞는 입력 데이터와 출력 데이터를 정합니다. 그러면 어떤 처리를 어떤 순서로 해야 할지 프로그램 전체의 순서가 정해집니다.

전체 순서가 정해지면 그 안에서 몇 번이고 반복 실행하는 작업을 찾아서 작업 내용이 연산자나 내장 함수만으로는 결과를 내기 어렵다고 판단하면 그것을 함수로 만듭니다. 예를 들어 상품을 판매하거나 구매할 때, 소비세를 계산해야 하는 작업이 있다고 합시다. 이런 작업은 프로그램 안에서 계속해서 반복 실행되므로 이것을 처리할 함수를 만듭니다.

함수의 정의는 def라는 예약어로 시작합니다.

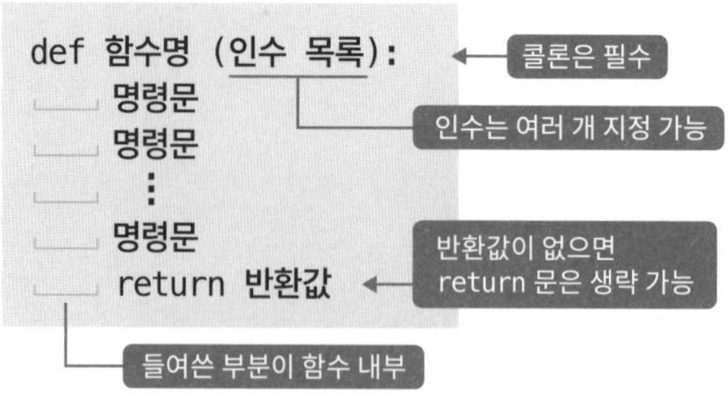

그림 2-16 함수를 정의하기

def 문 다음에 함수명을 적고 인수를 필요한 개수만큼 지정합니다. 인수가 필요 없는 함수라면 인수를 생략할 수 있습니다. 함수 정의에서 지정하는 인수는 가인수(parameter)[4]라고 부르고, 함수를 실제로 호출하는 곳에서 지정하는 인수를 실인수(argument)라고 부릅니다.

def 문은 콜론(:)으로 끝납니다. def 문 아래의 들여쓴 줄은 함수 내부 즉, 처리 작업 내용이 됩니다. 마지막에 return 문으로 함수 반환값을 지정합니다. 반환값이 없다면 return 문은 생략할 수 있습니다. 다음은 소비세를 계산하는 함수를 비주얼 스튜디오 코드로 작성한 화면입니다.

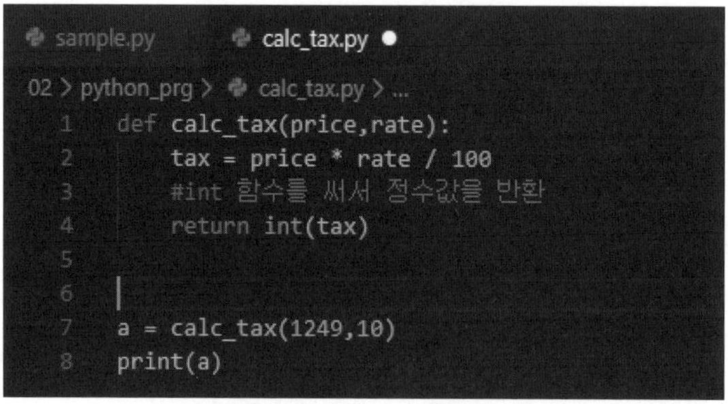

그림 2-17 비주얼 스튜디오 코드로 작성한 calc_tax.py 화면

4. (옮긴이) 가인수(parameter)는 매개변수 또는 인자라고 부르기도 합니다.

calc_tax.py 파일 내용은 다음과 같습니다. 여기에서 함수 calc_tax( )를 정의합니다. 여러분도 1장 비주얼 스튜디오 코드 설치 과정에서 만든 python_prg 폴더에 calc_tax.py라는 이름으로 저장한 다음, 위와 같은 코드를 직접 입력해 보길 바랍니다(실습 방법을 잊었다면 1장의 비주얼 스튜디오 코드 설치 과정을 다시 살펴보길 바랍니다).

코드 2-1 함수 calc_tax( )를 정의한 calc_tax.py

```
1   def calc_tax(price,rate):
2   ⌴ tax = price * rate / 100
3   ⌴ return int(tax)
4
5
6   a = calc_tax(1249,10)
7   print(a)
```

1번에서 def 문으로 함수를 정의합니다. 인수로 price(상품 가격)와 rate(소비세율)를 받는 함수 calc_tax( )를 정의했습니다.

2번부터 함수 calc_tax( )의 처리 내용입니다. 우선 산술 연산자로 price * rate / 100을 계산해서 구한 소비세 금액을 변수 tax에 대입합니다. 함수의 마지막 라인인 3번은 소비세액을 int( ) 함수를 이용해 정수로 바꾼 다음, return 문으로 반환값을 돌려줍니다.

6번은 a = calc_tax(1249,10)으로 함수 calc_tax( )를 호출하는데, 함수에서 돌려받는 값을 변수 a에 대입합니다. 이때 1249와 10은 실인수로서, 각각 상품 가격과 소비세율이 됩니다. 변수 a에 대입한 소비세액을 7번에서 print( ) 함수로 출력합니다. 비주얼 스튜디오 코드의 [실행] 메뉴에서 [디버그 없이 실행]을 클릭한 후, [디버그 콘솔]을 보면 124가 출력된 것을 확인할 수 있습니다.

은미   있잖아, 여기 중간에 샵(#)으로 시작하는 '#int 함수를 써서 정숫값을 반환'이라고 쓴 건 뭐야? 이것도 프로그램인 거야?

코드 2-2 주석을 달아 완성한 calc_tax.py

```
"""
calc_tax 함수는 상품 가격과 소비세율을 인수로 받아
소비세액을 돌려줌
"""
def calc_tax(price,rate):
    tax = price * rate / 100
    #int 함수를 써서 정숫값을 반환
    return int(tax)
a = calc_tax(1249,10)
print(a)
```

은미   다시 한번 잘 봐. 이건 샵이 아니라 해시 기호(#)라고. 샵 기호(♯)와는 기울어진 방향이 다르지.

은미   어떻게 부르던 뜻만 통하면 되지 뭘.

유비   똑바로 불러야지 이런 건. 그건 그렇고 이건 주석이라고 하는 거야. 프로그램이 어떤 처리를 하는지 설명하기 위해 써둔 거야. 가능한 한 꼼꼼히 써두라고 지난번 세미나에서 강사님이 그랬거든.

은미   그럼 제일 위에 있는 이 점(""")으로 둘러싼 문장도 주석이겠네?

유비   오~ 눈치 빠른데. 주석이 길어져서 줄을 바꾸려면 그 앞뒤로 큰따옴표 3개나 작은따옴표 3개로 둘러싸면 돼. 한 줄짜리 주석이나 프로그램 코드 뒤에 오는 주석은 해시 기호를 쓰고.

은미　날 너무 물로 보는 거 같은데? 그나저나 별 내용도 아니라서, 보면 바로 알겠는데 주석이 왜 필요해?

유비　강사님이 반년쯤 지나면 자기가 만든 프로그램이라도 이게 뭐였는지 까먹는다고 적어두는 게 좋다고 하셨어.

은미　흠~ 그럴 수도 있겠네.

■ ■

객체 지향

파이썬 기초의 마지막은 객체 지향입니다. 현대 프로그래밍 언어 대부분은 객체 지향 언어이므로 프로그래밍을 공부하려면 이것을 이해해야 하지만 객체 지향이 무엇인지 모두 이해하려면 많은 시간이 필요합니다. 여기에서는 기본이 되는 개념만을 설명합니다. 약간 추상적인 내용이긴 하지만 세부적인 것보다 우선 큰 줄기만 이해하기 바랍니다.

객체 지향은 사물(객체)에 주목합니다. 사물에는 행동과 속성이 있는데, 행동은 메서드(method), 속성은 프로퍼티(property)라고 부릅니다.

객체 지향 프로그래밍 언어 세계에는 이러한 사물(객체)을 만드는 기본 설계도가 있습니다. 그 설계도에는 이용 가능한 메서드와 프로퍼티가 정의되어 있습니다. 이런 설계도를 클래스(class)라고 부릅니다.

클래스를 가지고 실제로 프로그램에서 다루는 객체를 만드는 것을 인스턴스(instance)화라고 부릅니다. 인스턴스화로 만들어진 객체 변수는 클래스 설계도에 있는 메서드와 프로퍼티를 사용할 수 있습니다.

파이썬은 모든 데이터를 객체로 취급합니다. a = 10으로 정의한 변수는 정수(int) 클래스의 객체 변수입니다. 그렇기 때문에 객체 변수 a는 정수(int) 클래스에 있는 메서드와 프로퍼티를 사용할 수 있는 것입니다.

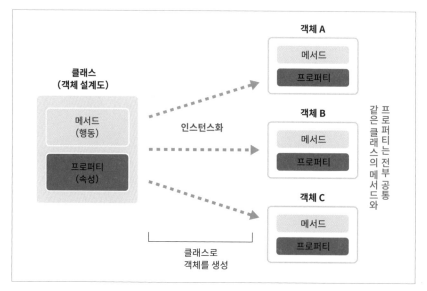

그림 2-18 클래스, 메서드, 프로퍼티와 객체의 관계

이해하기 쉽지 않을 수도 있지만, 여러분은 이미 객체를 다루고 있습니다. 예제 코드에서 숫자를 대입할 때 사용한 변수는 사실 모두 객체입니다. 3장 이후에 설명하겠지만 여러분이 사용하는 엑셀의 통합문서나 워크시트, 셀 등도 전부 객체입니다.

이러한 모든 객체는 기반이 되는 클래스에서 정의한 메서드와 프로퍼티를 가지고 있습니다. 1장의 VBA 프로그램 예제에서 소개한 코드를 다시 봅시다.

```
Cells(i, 1).Value
```

이건 셀이 가진 Value(값) 프로퍼티를 얻는 코드입니다. 표기법을 잘 기억해 두기 바랍니다. 기본적인 개념은 VBA나 파이썬, 여타 객체 지향 언어도 모 두 마찬가지입니다. 객체가 가진 메서드나 프로퍼티를 사용하려면 OOO.xxx 처럼 객체와 메서드 또는 프로퍼티를 점(.)으로 연결하면 됩니다. 이 점(.)을 도트 연산자라고 부르며 도트 연산자의 왼쪽에는 객체를, 오른쪽에는 메서드 또는 프로퍼티를 둡니다.

객체 지향 설명에서 여러분은 일단 이런 내용만 기억해 두시면 됩니다. 객체 지향 초보자에게 중요한 것은 어려운 것을 이해하려는 것보다 그 사용법에 익숙해지는 것입니다. 이 책에서는 초보자를 난관에 빠트리는 클래스 작성(클래스 정의라고 부르기도 합니다)은 다루지 않습니다. 이미 있는 클래스를 사용하기만 하므로 안심하기 바랍니다.

Note 프로퍼티와 메서드

2장 본문에서 "사물에는 행동과 속성이 있는데 행동은 메서드(method), 속성은 프로퍼티(property)라고 부릅니다"라고 설명했는데, 메서드와 프로퍼티가 무엇인지 조금 더 살펴보겠습니다.

현실에 존재하는 개라는 개념을 프로그램에서 사용하기 위해 Dog라는 클래스를 만들어 본다고 가정합시다.

개는 이름, 털빛, 짖는 소리, 크기, 눈 색깔, 꼬리 모양 등 다양한 프로퍼티(속성)가 있습니다. 하지만 Dog 클래스는 그런 특징 모두가 아니라 프로그램을 만드는데 필요한 만큼, 예를 들어 이름, 털빛 등만 프로퍼티로 가지고 있으면 됩니다. 그것은 클래스의 목적이 현실을 완벽하게 재현, 반영하는 것이 아니라, 프로그램을 작성할 때 편리하도록 추상화된 개념을 코드로 표현하는 데 있기 때문입니다.

이런 프로퍼티를 파이썬에서는 dog.color나 dog.name 같은 형태로 다룹니다. 프로퍼티 값을 지정한다면 dog.color = 'red' 처럼 작성하고, 프로퍼티 값을 출력한다면 print(dog.color)처럼 작성합니다. 그러므로 앞으로 등장하는 코드에서 객체 뒤에 ".xxx"와 같은 코드가 있으면 프로퍼티 값을 다룬다고 생각하면 됩니다.

그렇다면 메서드는 무엇일까요? 메서드는 행동, 즉 어떤 입력이나 호출을 받으면 결과를 돌려주는 일련의 동작입니다. 개라면 짖거나, 먹거나, 놀거나, 잠자거나 하는 행동이 이것에 해당합니다. 그런데 입력을 받아서 결과를 돌려주는 것에는 함수라는 것도 있습니다. 그런데 함수는 클래스나 객체와 관계없이 존재하지만, 메서드는 메서드를 선언한 클래스와 밀접하게 연결되어 그 안에서만 동작한다는 점이 다릅니다. 메서드는 클래스나 객체를 통해서만 호출할 수 있습니다. 메서드는 인수나 객체의 속성을 가지고 어떤 처리를 해서 만든 결괏값을 호출한 곳으로 돌려줍니다(return).

예를 들어 Dog 클래스에 play라는 메서드를 정의했다면 단순히 play( )라고 사용하는 게 아니라 dog.play( )처럼 호출하게 됩니다. 그러므로 앞으로 등장하는 코드에서 객체 뒤에 ".xxx( )"와 같은 코드가 있다면 메서드를 다룬다고 생각하시면 됩니다.

3장

엑셀 워크시트 다루기

유비, 은미에게 부탁을 받다

은미　비 있잖아……. 잠시 시간 괜찮아?

유비가 일하는 총무부에 입사 동기인 영업부 은미 씨가 찾아왔습니다. 뭔가 물어보려는 것 같습니다.

은미　영업부는 은나라시스템이 개발한 판매 관리 프로그램으로 매출을 관리하잖아. 영업 사원이 엑셀로 만든 매출전표를 일일이 프로그램에 다시 입력하고 있는데, 늘 같은 작업을 반복하는 거라 지루하다고 불평이 많아. 근데 조 과장님이 엑셀에서 씨엘브인가로 출력하면 한꺼번에 입력할 수 있다고 VBA로 만들어 보라는데 어떻게 하는 건지 전혀 모르겠어.

유비　씨엘브? 그게 뭐야?

은미　씨엘브인가 씨에스브인가, 대충 그런 말이었는데…….

유비　아, CSV 말이구나.

은미　아, 맞아 그거. 뭐든 한번에 입력할 수 있으면 좋겠는데 말이야.

유비　하긴 엑셀 전표 보면서 손으로 입력하려면 하세월이지.

삼국어패럴 영업부에서는 영업 사원이 견적서 단계에서 엑셀로 데이터를 작성해 사내 서버에 공유합니다. 견적서에서 수주전표, 매출전표 작성까지는 영업 사원이 엑셀로 직접 관리합니다. 매출이 잡히면 서버의 매출 폴더에 매출전표를 저장합니다. 그러면 은미 씨와 함께 일하는 사원들이 매출전표를 보면서 웹 판매 관리 프로그램에 입력하는 것이 기본적인 업무 흐름입니다.

은미　맞아 맞아. 유비도 알겠지만 판매 관리 프로그램에서도 견적서를 작성하고, 수주, 매출과 얼마든지 연동할 수 있어. 그런데 영업 사원들은 예전부터 엑셀을 쓰다 보니 엑셀이 편하다고 생각하는 것 같아. 조 과장님은 엑셀로 만든 자기의 멋진 견적서를 보라면서 바꿀 생각이 전혀 없더라고. 그나저나 비가 잘하는 파이썬으로는 어떻게 안 되는 거야?

유비   조 과장님이 말한대로 VBA로 CSV를 출력할 수 있지만 파이썬으로도 가능해.

은미   오~ 되는구나. 그럼 내일까지 할 수 있어?

유비   아니 그렇게 빨리는 좀. 시간을 좀 더 줘……

은미   비, 못 쓰겠네.

유비   어! 그래도 이건 너무하잖아!

· ·

과장님에게 VBA 공부를 하라는 말을 들은 은미 씨군요. 그래서 파이썬을 공부하고 있는 유비에게 부탁하려는 모양인데, 유비가 답하기에는 좀 어려운가 봅니다. 그렇다면 유비를 대신해서 우리가 만들어 봅시다.

실제로 해보면 그렇게까지 복잡한 내용은 아니지만, 프로그래밍을 시작한 지 얼마 안 된 사람이 갑자기 뚝딱 만들어 내기엔 약간 무리겠지요. 우선 엑셀 워크시트에서 값을 읽어내는 프로그램부터 만들어 봅시다.

01 | 엑셀 데이터를 한꺼번에 읽는 프로그램

무엇을 해야 할지 확실히 해두기 위해서 우선 어떤 업무를 개선하고 싶은지 살펴봅시다.

은미 씨의 이야기로는 서버에 저장한 매출전표(엑셀)를 판매 관리 프로그램에 입력할 때, 이 작업을 자동화하고 싶다는 것이 그 목적인 듯 보입니다.

수작업 내용을 정리해 보면 다음 두 단계입니다.

① 서버에 있는 매출전표를 눈으로 확인한다.

② 매출전표 내용을 판매 관리 프로그램에 입력한다.

①과 ②는 수작업이므로 매출전표 개수가 많으면 꽤 힘든 작업입니다.

  우선 매출전표 파일을 열어서 내용을 확인하는 작업(①)을 자동화해봅시다. 그렇게 읽은 정보를 엑셀에서 CSV 파일로 출력하면 판매 관리 프로그램에 한꺼번에 입력할 수 있습니다. 그러면 ②도 해결됩니다. 이걸로 은미 씨의 고생도 줄어들겠지요.

Note

그러면 실습에 앞서 예제 파일을 사용하는 방법을 설명합니다. 우선 실습 예제 파일을 저장할 문서 폴더를 탐색기에서 열어서 다음과 같이 변경합니다.

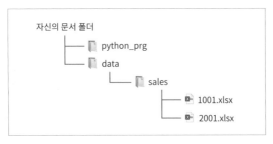

그림 3-1 매출전표가 저장된 폴더

여러분의 컴퓨터 문서 폴더 아래에는 프로그램을 저장할 python_prg 폴더와 data 폴더가 있고, data 폴더 밑에는 다시 sales 폴더가 있는 구성입니다.

  다음으로 이 책의 예제 파일을 제공하는 사이트(*http://blog.insightbook.co.kr*)의 도서 상세 페이지 또는 단축 URL 주소(*https://bit.ly/2TUfqrP*)에서 "Excel_Python실습예제.zip"을 다운로드합니다. 다운로드한 파일의 압축을 풀면 각각의 장에서 사용하는 예제 파일과 소스 코드가 장별로 정리되어 있습니다. 예컨대 3장에서 사용하는 매출 전표 엑셀 파일은 03→data→sales 폴더를 순서대로 열면 찾을 수 있습니다. 이때의 파일 명은 담당자 코드입니다.

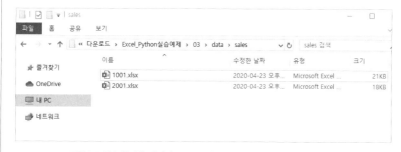

그림 3-2 압축 해제한 파일의 sales 폴더에는 매출전표 엑셀 파일들이 있음

이 두 파일을 앞에서 만들어 둔 문서 폴더(data→sales) 아래에 복사합니다. 이것으로 3장에 대한 실습 준비가 모두 끝났습니다.

이후에도 같은 방법으로 각 장에 필요한 예제 데이터 파일을 문서→data 폴더 아래에 복사해서 사용합니다. 그리고 코드를 작성하면서 만든 파이썬 프로그램은 문서→python_prg 폴더에 저장합니다. 다운로드한 예제 파일에 포함된 소스 코드 파일은 직접 작성한 프로그램이 생각대로 동작하지 않을 때 확인용으로 사용하시면 됩니다.

엑셀 파일은 통합문서 형식입니다. 통합문서에는 하나 이상의 워크시트가 있습니다.

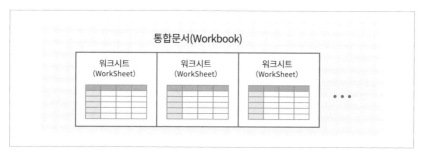

그림 3-3 엑셀 파일은 하나 이상의 워크시트가 있는 통합문서 형식

앞으로 sales 폴더에 있는 통합문서를 하나씩 열어 워크시트의 매출전표를 확인하고, 그 내용을 새로운 통합문서의 매출 목록 워크시트에 옮길 예정입니다.

여기에서는 다음과 같이 데이터가 교환됩니다.

원래 매출전표 데이터는 영업 담당자별로 통합문서 파일을 만들고, 매출 전표별로 워크시트를 만듭니다. 따라서 통합문서에는 하나 이상의 워크시트가 있고, 워크시트 수는 담당자마다 다를 수 있습니다.

매출전표는 다음 그림과 같은 양식입니다. 이 매출전표에 진하게 표시한 내용이 앞으로 매출 목록 워크시트로 옮겨질 데이터입니다.

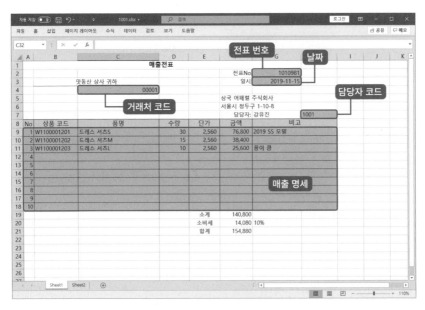

그림 3-4 매출전표와 옮겨 쓸 데이터

지정한 범위의 셀을 읽어서 목록 작성

먼저 프로그램을 작성한다는 가정하에 기본이 되는 환경을 설명하겠습니다.

파이썬으로 작성한 프로그램은 보통 .py라는 확장자를 사용합니다. 이번 장에서 작성할 예제 프로그램은 sales_slip2csv.py라는 파일명으로 python_ prg 폴더에 저장할 겁니다.

이 파일명은 sales가 영업용 프로그램, slip이 전표, csv는 출력할 파일 형태가 CSV 파일이라는 것을 뜻합니다. 2(two)는 영어로 to와 발음이 비슷해서 짧게 줄여 쓰기 위해 사용한 단어입니다. 따라서 slip2csv는 전표를 CSV 파일로 변환해 출력한다는 의미입니다.

> **용어 설명 CSV 파일**
>
> CSV는 Comma Separated Value의 약어로, 콤마(Comma)로 구분된(Separated) 값(Value)이란 뜻입니다. CSV 파일의 확장자는 .csv인데 일반 텍스트 파일이므로 메모장 같은 텍스트 편집기나 비주얼 스튜디오 코드에서 열 수 있고, 엑셀에서도 확인할 수 있습니다. CSV 파일을 사용해서 엑셀이나 액세스, 서버형 데이터베이스 같은 업무용 소프트웨어에 데이터를 입력할 수 있습니다.

예제 프로그램이 어떤 결과물을 만들지 살펴볼까요? 이 예제 프로그램은 매출전표 통합문서에서 개별 데이터를 차례로 읽어서 맨 아래 그림과 같이 매출 목록 데이터(.csv)를 만드는 프로그램입니다.

그림 3-5 프로그램의 기본적인 동작

본격적인 첫 실습이므로 다시 한번 차근차근 설명하겠습니다. 업무 흐름에 대한 이해가 부족하면 예제 프로그램에 대한 이해 역시 힘들기 때문이죠.

사원마다 매출전표 통합문서가 있고 매출전표 한 장이 워크시트 한 장이 됩니다. 따라서 통합문서에는 워크시트가 여러 장 존재하게 됩니다.

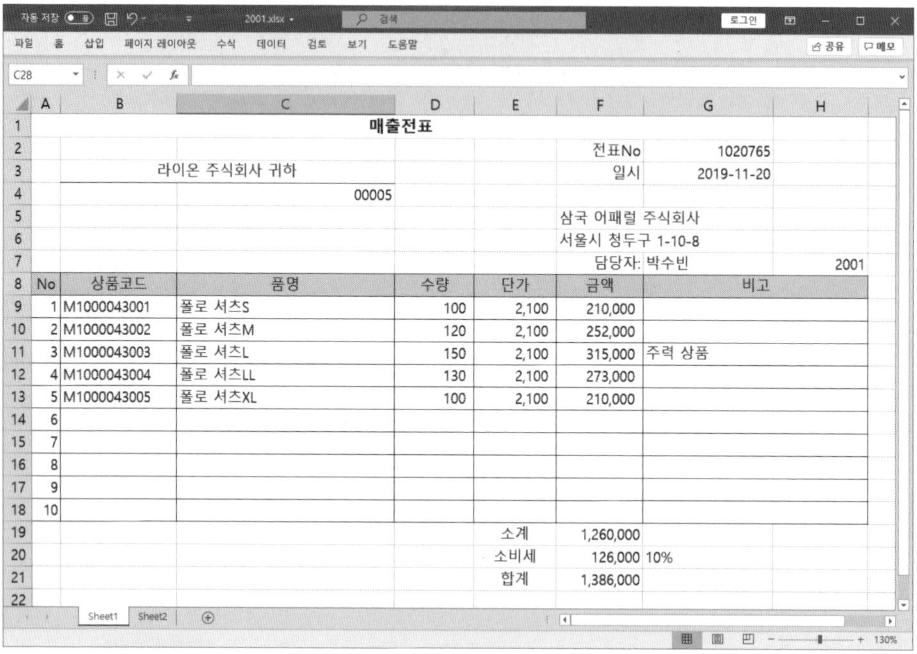

그림 3-6 매출전표 파일 내용

이러한 매출전표 통합문서에서 그림 3-4에서 표시한 영역의 데이터를 읽어서, CSV 형식의 매출 목록인 salesList.csv를 만듭니다.[1]

---

1 CSV 파일은 엑셀 통합문서 상태에서는 콤마로 구분된 데이터 형식이 확인이 잘 안 됩니다. 따라서 이 프로그램에서 만들게 될 salesList.csv를 윈도우 보조프로그램 가운데 하나인 메모장에서 불러오면 그림 3-7과 같이 콤마로 구분된 데이터를 확인할 수 있습니다.

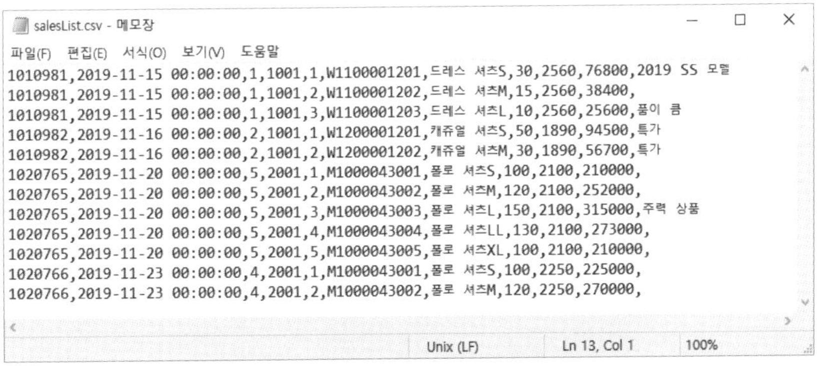

그림 3-7 각각의 매출전표 데이터를 합친 목록 salesList.csv

그럼 프로그램 코드를 자세히 살펴봅시다. 계속해서 코드를 보면서 설명하므로 예제 프로그램으로 작성할 sales_slip2csv.py 파일을 비주얼 스튜디오 코드로 열어두는 것이 좋습니다.[2]

각각의 코드가 무엇을 의미하는지는 이 장 후반부에 있는 '파이썬 핵심 정리'에서 자세히 설명하므로 지금은 무엇을 어떻게 처리하는지, 어떤 순서로 처리하는지 전체적인 흐름만 파악하면 충분합니다.

코드 3-1 sales_slip2csv.py

```
 1  import pathlib      # 표준 라이브러리
 2  import openpyxl     # 외부 라이브러리
 3  import csv          # 표준 라이브러리
 4
 5
 6  lwb = openpyxl.Workbook()      # 매출 목록 통합문서 객체를 lwb 변수에 할당
 7  lsh = lwb.active               # 기본 워크시트를 취득해 lsh 변수에 할당
 8  list_row = 1
 9  path = pathlib.Path("..\data\sales")   # 상대 경로 지정
10  for pass_obj in path.iterdir():
```

---

2 다운로드한 예제 파일의 3장 폴더에 가면 python_prg 폴더가 있습니다. 비주얼 스튜디오 코드에서 해당 폴더로 들어가서 sales_slip2csv.py를 열면 동일한 코드를 확인할 수 있습니다. 비주얼 스튜디오 코드에서 위 코드를 직접 작성했다면 해당 파일을 열어 두고 공부하길 바랍니다. 아직 다운로드하지 않았다면 56쪽의 힌트를 참조하여 자료를 다운로드하길 바랍니다.

```
11  ⌐if pass_obj.match("*.xlsx"):
12  ⌐ ⌐wb = openpyxl.load_workbook(pass_obj)
13  ⌐ ⌐for sh in wb:
14  ⌐ ⌐ ⌐for dt_row in range(9,19):
15  ⌐ ⌐ ⌐ ⌐if sh.cell(dt_row, 2).value != None:
16  ⌐ ⌐ ⌐ ⌐ ⌐lsh.cell(list_row, 1).value =
                    sh.cell(2, 7).value[3]
17  ⌐ ⌐ ⌐ ⌐ ⌐lsh.cell(list_row, 2).value =
                    h.cell(3, 7).value
18  ⌐ ⌐ ⌐ ⌐ ⌐lsh.cell(list_row, 3).value =
                    sh.cell(4, 3).value
19  ⌐ ⌐ ⌐ ⌐ ⌐lsh.cell(list_row, 4).value =
                    sh.cell(7, 8).value
20  ⌐ ⌐ ⌐ ⌐ ⌐lsh.cell(list_row, 5).value =
                    sh.cell(dt_row, 1).value
21  ⌐ ⌐ ⌐ ⌐ ⌐lsh.cell(list_row, 6).value =
                    sh.cell(dt_row, 2).value
22  ⌐ ⌐ ⌐ ⌐ ⌐lsh.cell(list_row, 7).value =
                    sh.cell(dt_row, 3).value
23  ⌐ ⌐ ⌐ ⌐ ⌐lsh.cell(list_row, 8).value =
                    sh.cell(dt_row, 4).value
24  ⌐ ⌐ ⌐ ⌐ ⌐lsh.cell(list_row, 9).value =
                    sh.cell(dt_row, 5).value
25  ⌐ ⌐ ⌐ ⌐ ⌐lsh.cell(list_row, 10).value =
                    sh.cell(dt_row, 4).value * \
26  ⌐ ⌐ ⌐ ⌐ ⌐sh.cell(dt_row, 5).value
27  ⌐ ⌐ ⌐ ⌐ ⌐lsh.cell(list_row, 11).value =
                    sh.cell(dt_row, 7).value
28  ⌐ ⌐ ⌐ ⌐ ⌐list_row += 1
29
30 with open("..\data\sales\salesList.csv","w",
   encoding="utf_8_sig") as fp:
```

---

3 지면 부족으로 일부 코드가 줄바꿈되어 있으니 비주얼 스튜디오 코드에서는 한 줄로 입력하면
   됩니다. 왼쪽 행 번호를 보면 한 줄로 입력할지 두 줄에 걸쳐 입력할지 구분할 수 있습니다.

```
31  ␣writer = csv.writer(fp, lineterminator="\n")
32  ␣for row in lsh.rows:
33  ␣␣writer.writerow([col.value for col in row])
        # 리스트 내포(list comprehension)
```

1번에 있는 import pathlib는 표준 라이브러리인 pathlib를 가져옵니다. pathlib를 사용하면 파일이나 폴더의 경로를 프로그램에서 손쉽게 사용할 수 있습니다.[4] 파일을 다루는 프로그램을 만들 때, 사용하면 좋은 라이브러리입니다.

경로란 컴퓨터 내부의 특정 자원의 위치를 보여주는 문자열입니다. 주로 저장 장치(하드디스크나 SSD) 내부의 파일이나 폴더(디렉터리)의 위치를 표시하기 위해 프로그램 내부에서 사용합니다.

2번에서 가져오는 openpyxl은 엑셀 파일을 다루는 라이브러리입니다. openpyxl은 외부 라이브러리이므로 사용하려면 따로 설치해야 합니다.[5] 또한 최종적으로 CSV 파일을 출력하므로 3번에서 표준 라이브러리 csv도 가져옵니다.

6번의 openpyxl.Workbook() 메서드는 새로운 통합문서를 만드는 코드입니다. 이때 반환값으로 통합문서 객체(작성한 통합문서)를 돌려줍니다. 반환된 통합문서 객체를 lwb 변수에 대입하면 앞으로 이 프로그램에서는 lwb를 이용해 통합문서 객체를 다룰 수 있게 됩니다.

코드 3-2 sales_slip2csv.py 6번 줄

```
lwb = openpyxl.Workbook()
```

이 시점에서 lwb 통합문서 객체에는 Sheet라는 이름의 기본 워크시트가 하나

---

4 사용하기 편한 이유는 경로를 객체로 다룰 수 있기 때문입니다. 객체가 무엇인지는 2장에서 설명했습니다.
5 외부 라이브러리를 가져오는 방법은 73쪽 '파이썬 핵심 정리'에서 설명합니다.

만 존재합니다. 7번의 lsh = lwb.active로 기본 워크시트 객체를 취득해서 lsh 변수에 대입합니다. 이렇게 생성된 lsh 워크시트에는 앞으로 매출전표 정보를 옮겨 쓰게 되므로, lsh 워크시트를 매출 목록표라고 부르겠습니다.

8번에서 1을 대입한 list_row는 매출 목록표의 어느 행에 새로운 매출 목록을 쓸지 가리킬 때 사용하는 변수입니다. 처음에는 1행을 가리키도록 하였습니다.

코드 3-3 sales_slip2csv.py 8번 줄

```
list_row = 1
```

나중에 이 변수를 사용해 데이터를 매출 목록표에 추가할 수 있게 됩니다.

9번의 pathlib.Path( ) 메서드는 경로(Path) 객체를 만듭니다.

코드 3-4 sales_slip2csv.py 9번 줄

```
path = pathlib.Path("..\data\sales")
```

path는 pathlib의 Path( ) 메서드를 이용해 만든 새로운 경로 객체입니다. 인수로 "\data\sales" 폴더를 지정했는데 그 앞에 ".."가 있습니다. 이것을 상대 경로 지정이라고 부르며, ".."는 지금 있는 폴더 즉, 예제 프로그램이 있는 폴더(python_prg)의 부모 폴더(한 단계 위의 폴더)라는 뜻입니다.[6]

10번의 for 반복문에서는 path.iterdir( ) 메서드를 보기 바랍니다.

코드 3-5 sales_slip2csv.py 10번 줄

```
for pass_obj in path.iterdir():
```

경로로 폴더를 지정(여기서는 sales 폴더를 지정)하면, 폴더 안의 파일과 폴

---

6 "."가 하나뿐이라면 현재 폴더를 뜻합니다.

더 이름을 경로 객체를 이용해 차례차례 불러옵니다.[7] pass_obj는 차례로 불러온 파일이나 폴더 객체를 임시로 할당해서 사용하는 변수입니다. 이것을 이용해서 파일마다 11번부터의 처리를 반복해서 실행합니다.

11번은 if 조건문에 pass_obj.match( ) 메서드를 사용하였습니다.

코드 3-6 sales_slip2csv.py 11번 줄

```
    if pass_obj.match("*.xlsx"):
```

이것은 10번에서 불러온 경로 객체의 반환값이 .xlsx와 일치하는지 즉, 엑셀 통합문서인지를 확인합니다. 통합문서가 맞으면 12번 이후의 처리를 진행하고, 아니라면 10번으로 돌아가서 다음 파일을 대상으로 똑같은 작업을 반복합니다.

*.xlsx처럼 와일드카드(*)를 사용하면 파일명을 대상으로 특정 확장자 그룹을 한꺼번에 지정할 수 있습니다. *.xlsx는 확장자가 .xlsx인 모든 파일을 뜻하는데, 이것으로 엑셀 통합문서만 골라낼 수 있습니다.

통합문서를 찾았으면 12번으로 넘어가서 load_workbook( ) 메서드로 이 통합문서를 불러들여 wb 변수에 할당합니다.[8] 계속해서 13번의 for sh in wb로 통합문서에 있는 워크시트를 순서대로 불러들여서 각각의 워크시트를 대상으로 for 문 이하의 처리 작업을 진행합니다.

코드 3-7 sales_slip2csv.py 12, 13번 줄

```
        wb = openpyxl.load_workbook(pass_obj)
        for sh in wb:
```

---

7 iterdir( ) 메서드에 대해서는 '파이썬 핵심 정리'에서 다시 상세하게 설명합니다.
8 (옮긴이) wb 변수와 lwb 변수는 이름은 비슷하지만 서로 용도가 다릅니다. lwb 변수에는 매출 목록을 만들 통합문서 객체가 담겨 있고, wb 변수에는 sales 폴더에서 찾은 매출전표 통합문서 객체가 들어갑니다. 이름이 유사해서 코드를 확인하기 어렵다면 예제 프로그램에서 사용하는 변수명 lwb를 list_workbook으로 변경해도 문제없이 동작합니다.

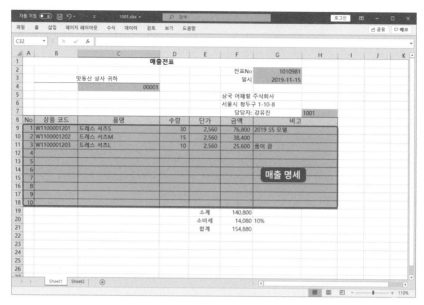

그림 3-8 엑셀로 만든 매출전표

매출전표 하단의 매출 명세는 워크시트의 9행부터 시작해서 최대 10개까지 입력할 수 있게 되어 있습니다. 따라서 14번에서 for dt_row in range(9,19) 로 워크시트의 9행부터 18행까지 반복하도록 지정합니다.

코드 3-8 sales_slip2csv.py 14번 줄

```
        for dt_row in range(9,19):
```

dt_row는 새롭게 불러온 매출전표 통합문서에서 읽을 행 번호를 가리키는 변수입니다(매출 목록표의 list_row와 잘 구별하길 바랍니다).

for 문을 반복해 처리할 범위로 range(9,19)라고 지정했습니다. range( ) 함수에 시작값과 정짓값을 지정하면 시작값 이상, 정짓값 미만의 정수들을 순서대로 돌려줍니다. 따라서 18행까지가 읽어올 데이터의 범위이기 때문에 정짓값으로 19를 지정했습니다.

잠시 워크시트를 구성하는 객체를 정리해 봅시다.

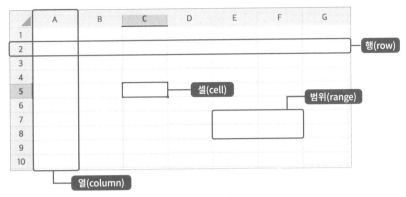

그림 3-9 워크시트를 구성하는 객체

워크시트는 행과 열로 구성되고 최소 범위가 셀입니다. 연속한 셀들은 range(**범위**) 함수로 다룰 수 있습니다. 행, 열, 셀, 범위는 각각 객체로 취급합니다. 코드의 15번 이후는 이런 객체를 사용해서 데이터를 읽습니다.

다시 코드로 돌아갑시다. 15번에서는 매출 명세 영역의 B열을 보고 각 행에 상품 코드가 입력되어 있는지 확인합니다.

코드 3-9 sales_slip2csv.py 15번 줄

```
                    if sh.cell(dt_row, 2).value != None:
```

이 코드는 매출 명세 각 행의 2열(B열)에 데이터가 입력되어 있는지 확인한다는 의미입니다. B열은 상품 코드가 입력된 셀인데, 이 셀에 입력한 데이터가 없으면 그 행은 읽을 필요가 없습니다. 이때 15번을 실행하면 None이라는 값이 반환됩니다.

여기서 = 앞에 있는 !에 주목하기 바랍니다. !는 참, 거짓을 반전시키는 연산자로, != None은 None과 같지 않다면 즉, 데이터가 존재한다면 조건이 성립한다는 뜻입니다.

이것으로 읽어 들일 데이터가 존재하는 행을 확인했으니, 이제 불러온 매출전표 워크시트에서 어떤 셀을 읽어야 하는지 다시 정리해 봅시다.

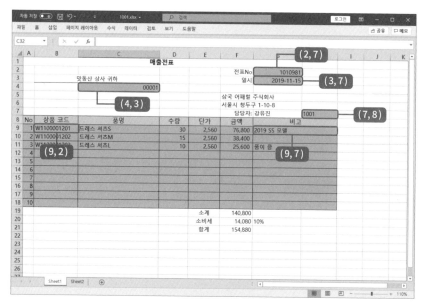

그림 3-10 매출전표에서 읽을 범위

프로그램의 16번에서 27번까지가 데이터를 옮기는 내용입니다. 16번의 왼쪽에 있는 lsh.cell(list_row, 1) 메서드는 매출 목록표의 셀 위치를 지정하는 것으로, 행은 list_row가 되고, 열은 1이 됩니다. 여기에 매출전표에서 읽은 데이터를 옮기게 될 것입니다.[9]

코드 3-10 sales_slip2csv.py 16번 줄

```
        lsh.cell(list_row, 1).value = sh.cell(2, 7).value
```

옮길 데이터를 읽는 코드는 sh.cell(2, 7).value입니다. sh.cell(2, 7) 메서드는 매출전표 워크시트의 2행 7열 즉, 엑셀 표기법으로 G2(전표 번호)를 가리킵니다.

셀 주소를 지정하는 방법에 주의하기 바랍니다. 엑셀은 셀을 A1, G2처럼 열과 행 순서로 표시합니다. 하지만 파이썬은 행 번호, 열 번호 순서로 지정

---

9 (옮긴이) lsh는 매출 목록표 워크시트 객체 변수이고, sh는 불러온 매출전표 워크시트 객체 변수입니다. 이 둘이 혼동을 줄 수 있으니 잘 구별하기 바랍니다.

합니다. 그리고 열 번호는 알파벳이 아니라 숫자를 사용합니다. 따라서 셀 G2를 지정하려면 sh.cell(2, 7)이 됩니다. 이 책에서 계속해서 사용하는 규칙이니 셀 주소 표기법이 엑셀과 다르다는 점에 유의하면서 읽어가기 바랍니다. 금방 익숙해지리라 생각합니다.

이어서 17번부터는 각각 날짜(sh.cell(3, 7).value), 거래처 코드(sh.cell(4, 3).value), 담당자 코드(sh.cell(7, 8).value)의 순서로 옮깁니다.

코드 3-11 sales_slip2csv.py 17~19번 줄

```
          lsh.cell(list_row, 2).value =
            sh.cell(3, 7).value
          lsh.cell(list_row, 3).value =
            sh.cell(4, 3).value
          lsh.cell(list_row, 4).value =
            sh.cell(7, 8).value
```

매출전표에 거래처명과 담당자명도 있지만 이런 정보는 판매 관리 프로그램에 이미 등록되어 있으므로 옮기지 않아도 됩니다.

이어서 dt_row가 가리키는 매출 명세 데이터를 옮깁니다.

코드 3-12 sales_slip2csv.py 20~24번 줄

```
          lsh.cell(list_row, 5).value =
            sh.cell(dt_row, 1).value
          lsh.cell(list_row, 6).value =
            sh.cell(dt_row, 2).value
          lsh.cell(list_row, 7).value =
            sh.cell(dt_row, 3).value
          lsh.cell(list_row, 8).value =
            sh.cell(dt_row, 4).value
          lsh.cell(list_row, 9).value =
            sh.cell(dt_row, 5).value
```

20번의 오른쪽 sh.cell(dt_row, 1).value는 No(매출 명세의 일련번호)입니다. 이어서 그 오른쪽 열로 이동해서 B열의 상품 코드(sh.cell(dt_row, 2).value)를 읽어서 옮깁니다. 이후 상품명(sh.cell(dt_row, 3).value), 수량(sh.cell(dt_row, 4).value), 단가(sh.cell(dt_row, 5).value) 순서로 오른쪽으로 셀을 하나씩 이동해 가며 데이터를 옮깁니다.

다음 코드에 주목하기 바랍니다. 매출전표 워크시트에 있는 매출 명세의 금액은 '수량 × 단가'라는 계산식이 설정된 셀입니다. 지금까지 해온 방식대로 단순히 셀을 읽으면 계산 결과인 금액이 아니라 계산식을 읽게 됩니다. 따라서 D열의 수량과 E열의 단가를 곱하는 sh.cell(dt_row, 4).value * sh.cell(dt_row, 5).value라고 코드를 작성하면 프로그램에서 금액을 계산하게 됩니다.

코드 3-13 sales_slip2csv.py 25~26번 줄

```
            lsh.cell(list_row, 10).value =
                sh.cell(dt_row, 4).value * \
            sh.cell(dt_row, 5).value
```

25번 끝에 있는 \(백슬래시)는 파이썬의 연속 문자(continuation character)로서, 다음 줄로 내용이 이어진다는 것을 의미합니다. 백슬래시는 에디터나 사용자의 사용 환경에 따라서 원 기호(₩)로 표시되기도 합니다.

마지막 항목으로 비고(sh.cell(dt_row, 7).value)를 옮기면 매출 목록표의 어떤 행에 데이터를 옮기고 있는지 가리키는 list_row에 1을 더합니다.

코드 3-14 sales_slip2csv.py 27~28번째 줄

```
            lsh.cell(list_row, 11).value =
                sh.cell(dt_row, 7).value
            list_row += 1
```

13번의 반복문 for sh in wb:로 매출전표 통합문서에 있는 모든 워크시트

는 14~28번의 처리를 반복합니다. 이 작업이 완료되면 10번의 반복문 for pass_obj in path.iterdir():로 "data\sales" 폴더에 있는 다른 통합문서에 대해 처리를 반복합니다. 그러면 담당자별로 매출전표 데이터를 읽어와 매출 목록표에 데이터를 옮기는 처리는 모두 끝납니다.

매출 목록표에 데이터를 지정하는 작업이 모두 끝나면 출력할 CSV 파일을 만들어야 합니다.[10] 우선 생성할 파일을 열어야(open( ) : 파일을 여는 함수) 하는데 이때 with를 지정하면 사용이 끝난 파일을 자동으로 닫아(close( ): 파일 닫기 함수) 줍니다.[11]

코드 3-15 **sales_slip2csv.py 30번 줄**

```
with open("..\data\sales\salesList.csv","w",encoding="utf_8_sig") as
fp:
```

open( ) 함수로 파일을 생성할 때, 함수의 인수로 파일명, 모드, 인코딩 (encoding) 방식을 지정할 수 있습니다. 새롭게 생성할 파일의 파일명은 salesList.csv입니다. w는 쓰기 모드를 뜻합니다. 인코딩은 글자가 깨지지 않도록 BOM 포함 UTF-8을 뜻하는 **utf_8_sig**를 지정하였습니다. BOM은 바이트 순서 표시(Byte Order Mark)의 약자인데, 유니코드(Unicode)로 부호화한 텍스트의 말머리에 붙이는 몇 바이트 분량의 데이터입니다. 엑셀은 BOM을 보고 유니코드 부호화 방식이 UTF-8인지 UTF-32인지 판단합니다.

이렇게 만든 CSV 파일을 as fp(파일 포인터)로 지정하면 앞으로 fp로 이 파일을 사용할 수 있습니다. 31번에서 **csv.writer**로 CSV 데이터를 출력합니

---

10 (옮긴이) 우리가 지금까지 매출전표 워크시트에서 매출 목록표 워크시트로 데이터를 이동시킨 작업은 컴퓨터의 메모리에서 이루어진 작업일 뿐입니다. 이제 이것을 CSV 파일로 저장하는 처리가 필요합니다. 따라서 파일로 저장하기 전에 프로그램을 종료하면 지금까지 작업한 내용은 사라지게 됩니다.

11 (옮긴이) open() 함수로 연 파일을 with 구문이나 close() 함수로 닫지 않아도 파이썬이 알아서 처리해주지만, 파이썬 프로그램이 비정상적으로 종료되면 파일이 제대로 저장되지 않을 수 있습니다. 예방 차원에서 사용이 끝난 파일은 잊지 않고 닫아주는 것이 좋습니다.

다. lineterminator는 CSV 파일에서 한 행 출력이 끝났을 때 어떤 문자열을 줄바꿈 코드로 사용할지 지정하는 인수인데, 기본값(인수를 지정하지 않으면 사용하는 값)은 윈도우에서 사용하는 줄바꿈 코드인 "\r\n"입니다. 예제 프로그램에서는 웹 시스템에서 주로 사용하는 리눅스용 줄바꿈 코드인 "\n"을 지정했습니다.

　반복문 for row in lsh.rows:으로 이번에는 매출 목록표 데이터에서 각각의 행을 읽어 들여 writer.writerow( ) 메서드 명령으로 CSV 파일을 만듭니다.

코드 3-16 sales_slip2csv.py 31~33번 줄(마지막 줄)

```
    writer = csv.writer(fp,lineterminator="\n")
    for row in lsh.rows:
        writer.writerow([col.value for col in row])
            # 리스트 내포
```

[col.value for col in row]는 리스트 내포(list Comprehension) 표기라고 부르는데, row(행)에서 col(열)들을 추출해 해당 col.value(값)를 리스트 안에 추가합니다. writer.writerow( ) 메서드로 매출 목록표 한 행의 리스트를 CSV 형식으로 출력합니다. 나중에 자세히 설명하겠지만 리스트는 파이썬의 중요한 자료 구조 가운데 하나입니다.

Note 자신의 업무에 맞게 변경하기

sales_slip2csv.py는 가상의 매출전표로 만든 프로그램입니다. 평소에 여러분이 사용하는 엑셀 데이터와는 달라 그대로 사용하기 힘들 수도 있습니다. 하지만 필요한 데이터가 들어 있는 셀을 읽어 내는 법을 알았으니 이제 이 코드를 잘 응용하면 됩니다.

　매출전표 정보를 읽는 건 16~27번에 있는 코드입니다.

　예제에서는 16~19번에서 상품 정보, 전표 번호, 날짜, 고객 코드, 담당자 코드를 정해진 셀에서 읽습니다. 만약 불필요한 항목이 있으면 해당하는 코드를 삭제하고, 더 필요한

항목이 있으면 기존 코드를 참고해 추가하기 바랍니다.

읽을 셀을 추가할 때, 좌변, 우변에 있는 cell( ) 메서드의 인수를 변경합니다. 우변에는 매출전표 워크시트에 있는 셀 위치를 지정합니다.

좌변은 매출 목록표의 셀 위치인데, 행(list_row) 값은 그대로 두고 어떤 열에 데이터를 쓸지만 고려하면 됩니다.

매출 명세 정보는 20~27번인데, 여기서는 좌변과 우변의 행 번호는 변경하지 않아도 됩니다. 어느 행을 읽을지는 프로그램이 자동으로 지정하므로 추가하고 싶은 셀의 열 번호만 변경합니다.

읽어야 할 셀 변경이 모두 끝나면 마지막으로 16~27번의 좌변에서 매출 목록표의 기록 위치 순서를 확인합니다. 중요한 것은 정보를 나열한 순서가 올바른지, 옮겨 적을 위치가 중복되지 않는지, 비어있는 열 번호는 없는지, 이 세 가지입니다. 역시 좌변을 변경할 때는 행 번호 list_row는 그대로 두고 인수의 열 번호만 변경합니다.

02 │ 파이썬 핵심 정리

코드 3-1에서 사용한 기본 개념들을 설명하겠습니다. 이후 자신만의 프로그램을 작성할 때 꼭 필요한 내용입니다.

외부 라이브러리 설치하기

파이썬 라이브러리에는 표준 라이브러리, 외부 라이브러리가 있다고 2장에서 설명했습니다. 표준 라이브러리는 따로 설치할 필요 없이 파이썬을 설치할 때 동시에 설치됩니다.

라이브러리가 무엇인지 조금 자세히 설명해 보겠습니다. 라이브러리는 모듈로 제공되는 것과 패키지로 제공되는 것이 있습니다.

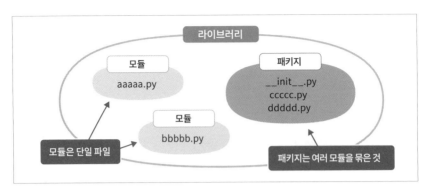

그림 3-11 라이브러리 구조

모듈은 확장자가 .py인 파이썬 단일 파일로 모듈 하나가 특정한 기능을 제공합니다.

반면 다양한 기능을 가져올 수 있도록 여러 모듈을 하나로 묶은 것이 패키지입니다. 패키지는 __init__.py라는 파일을 포함한 폴더에 모여 있습니다.[12]

표준 모듈과 패키지는 파이썬을 설치한 폴더 밑에 있는 Lib 폴더에 존재합니다.

이름	수정한 날짜	유형	크기
urllib	2020-05-10 오후…	파일 폴더	
venv	2020-05-10 오후…	파일 폴더	
wsgiref	2020-05-10 오후…	파일 폴더	
xml	2020-05-10 오후…	파일 폴더	
xmlrpc	2020-05-10 오후…	파일 폴더	
__future__.py	2019-07-08 오후…	Python File	6KB
__phello___foo.py	2019-07-08 오후…	Python File	1KB
_bootlocale.py	2019-07-08 오후…	Python File	2KB
_collections_abc.py	2019-07-08 오후…	Python File	27KB
_compat_pickle.py	2019-07-08 오후…	Python File	9KB
_compression.py	2019-07-08 오후…	Python File	6KB
_dummy_thread.py	2019-07-08 오후…	Python File	7KB
_markupbase.py	2019-07-08 오후…	Python File	15KB
_osx_support.py	2019-07-08 오후…	Python File	20KB
_py_abc.py	2019-07-08 오후…	Python File	7KB
_pydecimal.py	2019-07-08 오후…	Python File	230KB
_pyio.py	2019-07-08 오후…	Python File	92KB

그림 3-12 모듈은 Lib 폴더에 있음

12 (옮긴이) 파이썬 3.3 이후 버전은 __init__.py 파일이 없어도 폴더를 패키지로 인식하지만, 하위 버전 호환성을 고려해 해당 파일을 만들어 두기도 합니다.

Lib 폴더에 있는 .py 파일이 모듈이고, 폴더별로 패키지가 만들어져 있습니다. 시험삼아 json 패키지(json 폴더)를 열어 봅시다.

그림 3-13 패키지 폴더 안에는 __init__.py 모듈이 존재

__init__.py와 몇몇 모듈이 있군요. 이렇듯 여러 모듈을 모아 이용할 수 있게 만든 것이 패키지입니다.

한편 처음부터 자동으로 설치되는 표준 라이브러리와는 달리 외부 라이브러리를 사용하려면 따로 설치해 주어야 합니다.

설치 방법은 여러 가지가 있지만 비주얼 스튜디오 코드 하단에 있는 [터미널]에서 pip 명령어를 실행해 외부 라이브러리를 설치하는 방법을 소개합니다. 앞으로도 계속해서 openpyxl을 사용하므로 지금 설치해 두기 바랍니다.

[터미널]에서 pip install openpyxl을 입력하고 〈엔터〉 키를 눌러서 실행합니다.

그림 3-14 pip 명령어로 openpyxl 설치

만약 [터미널]에 명령 프롬프트(>)가 표시되어 있지 않다면 [터미널]을 클릭해 선택하고(화면 하단의 [출력], [디버그 콘솔], [터미널]이 나열된 메뉴에서 [터미널]을 클릭) 〈엔터〉 키를 누릅니다. 명령 프롬프트를 표시할 겁니다.

1장에서 소개한 순서대로 파이썬을 설치했다면 pip 명령어도 경로 설정되어 있으므로 문제없이 실행할 수 있습니다.

pip 명령어를 실행해서 Successfully installed openpyxl-3.0.3처럼 표시
되면 설치가 성공한 것입니다.[13]

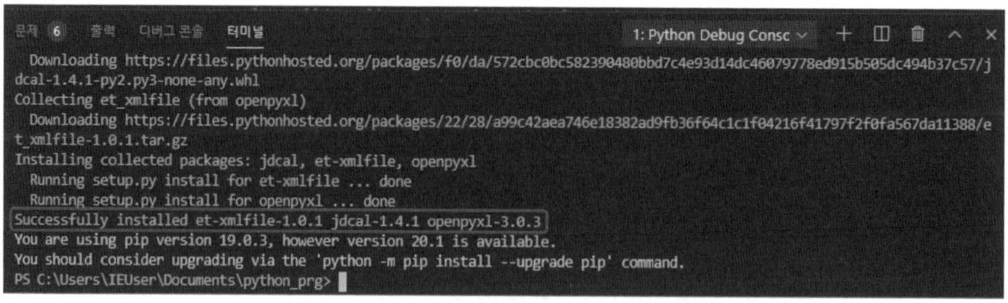

그림 3-15 openpyxl 설치 완료 화면

화면에 노란색 글자로 표시되는 메시지는 패키지 관리 프로그램인 pip 명령
어를 업그레이드하라는 권장 메시지입니다. 이런 메시지가 표시되었다면 메
시지에 표시된 명령어를 복사해 [터미널]에 입력한 다음, pip 명령으로 업그
레이드합시다.

```
python -m pip install --upgrade pip
```

하이픈(−) 개수도 의미가 있습니다. 틀리지 않도록 주의하며 똑같이 입력합
니다.

만약 설치한 패키지를 삭제하고 싶다면 다음 명령어로 삭제하면 됩니다.

```
pip uninstall openpyxl
```

if 문으로 조건 분기

어떤 조건의 성립 여부에 따라 실행할 내용이 달라지는 것을 프로그래밍 용
어로 조건 분기라고 합니다. 대다수 프로그래밍 언어는 조건 분기 제어에 if

---

13 (옮긴이) 2020년 5월 현재 최신 버전은 3.0.3입니다.

문을 사용합니다. 파이썬도 마찬가지이므로 파이썬에서 어떻게 if 문을 사용하는지 살펴봅시다.

가장 단순한 if 문 조건 분기는 조건식이 성립할 때(True) '~을 한다'입니다.

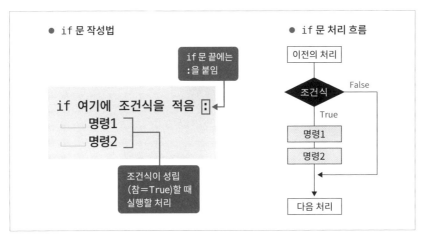

그림 3-16 조건이 성립할 때 처리를 실행하고 성립하지 않으면 건너뛰는 if 문

조건식 끝에는 콜론(:)이 반드시 필요합니다. 콜론 이후 들여쓰기한 부분이 블록입니다. 조건식이 참일 때 이 블록을 실행합니다.

sales_slip2csv.py의 11번 if pass_obj.match("*.xlsx"):과 15번 if sh.cell(dt_row, 2).value != None:에서 if 문을 사용하고 있습니다. if pass_obj.match("*.xlsx"):는 경로 객체가 *.xlsx와 일치하면 블록(12~28번)을 실행합니다.

15번의 if sh.cell(dt_row, 2).value != None:은 dt_row가 가리키는 행과 2열(상품 코드) 셀의 값이 None(아무것도 입력되지 않음)이 아니라면 블록을 실행합니다. 즉, 매출 목록표에 매출전표의 내용을 옮기게 됩니다.

이 장에서 만든 예제 프로그램은 조건식이 성립할 때만 어떤 처리를 하고, 성립하지 않으면 아무것도 하지 않습니다. 하지만 프로그램에 따라서는 조건식이 성립하는 경우와 성립하지 않는 경우에 각기 다른 처리가 필요할 때가 있습니다. 예를 들어 퀴즈를 맞혔다면 O를 표시하고, 틀렸다면 X를 표시하는 경우입니다. 이런 처리에는 if: else: 구문을 사용합니다.

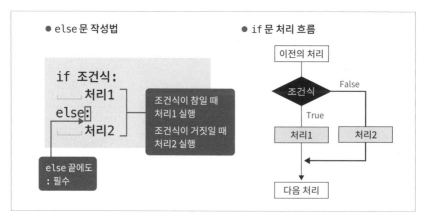

그림 3-17 조건이 성립하지 않을 때 처리를 else에 작성

예제로 good!, no good!이라는 문자를 출력하는 프로그램을 살펴봅시다.

코드 3-17 점수가 80점 이상인지 판별하는 프로그램(score.py)

```
1  score = 82
2  if score >= 80:
3  ____print("good!")
4  else:
5  ____print("no good!")
```

비주얼 스튜디오 코드를 열고 위 코드를 입력한 후, score.py라는 이름으로
python_prg 폴더에 저장합니다.

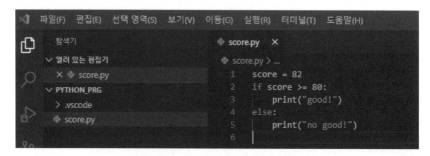

그림 3-18 비주얼 스튜디오 코드에서 코드 작성

비주얼 스튜디오 코드에서 코드를 입력하면, if 문 끝에 콜론(:)을 입력하고
〈엔터〉키를 누르면 다음 줄이 자동으로 들여쓰기가 됩니다. 그 외 괄호나 따
옴표를 하나만 입력해도 나머지 쌍이 자동으로 생성됩니다. 비주얼 스튜디
오 코드를 사용하면 실수 없이 코드를 입력할 수 있습니다.

입력이 끝나면 [실행] 메뉴에서 [디버깅 없이 실행]을 선택해서 실행합니
다. [디버그 콘솔]에 "good!"이라고 표시될 것입니다. 1번에 있는 변수 score
에 다른 값을 넣어 보면서 프로그램의 동작을 확인해 보기 바랍니다.

이 예제는 조건에 따른 처리가 한 줄밖에 없는 간단한 구조지만, if나 else
는 여러 줄로 된 코드 블록도 사용할 수 있습니다.

그런데 조건식을 더 많이 사용해야 한다면 if: elif: else: 문을 사용합니
다. if 문에서 조건식을 만족하지 않을 때, 더 판별하고 싶은 조건식을 elif
문에 작성합니다. 그리고 이런 조건식을 모두 만족하지 않을 때의 처리를
else 문에 작성합니다.

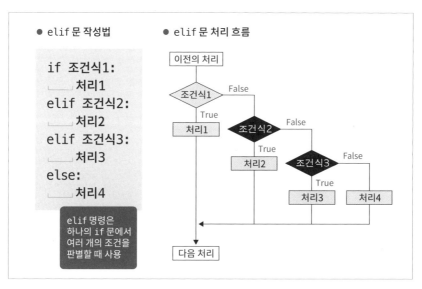

그림 3-19 여러 조건을 판별하려면 elif 사용

코드 3-18 점수에 따라 등급이 변하는 프로그램(score2.py)

```
 1  score = 94
 2  if score >= 90:
 3  ⌐‾print("S")
 4  elif score >= 80:
 5  ⌐‾print("A")
 6  elif score >= 70:
 7  ⌐‾print("B")
 8  elif score >= 60:
 9  ⌐‾print("C")
10  else:
11  ⌐‾print("D")
```

이렇게 elif 문으로 동시에 여러 개의 조건식을 사용할 수 있습니다. score2.py를 실행해 문자 S가 출력되었으면 프로그램이 정상적으로 실행된 겁니다. 코드 3-17처럼 여기서도 1번의 변수 score에 여러 가지 값을 넣어서 elif 문이 어떻게 동작하는지 확인해 보기 바랍니다.

같은 처리를 반복할 때 사용하는 for 구문
여기서 다시 코드 3-1 프로그램을 봅시다.

코드 3-19 코드 3-1에서 본 예제 프로그램

```
 1  import pathlib  # 표준 라이브러리
 2  import openpyxl # 외부 라이브러리
 3  import csv      # 표준 라이브러리
 4
 5
 6  lwb = openpyxl.Workbook()        # 매출 목록 통합문서 객체를
                                       lwb 변수에 할당
 7  lsh = lwb.active                 # 기본 워크시트를 취득해
                                       lsh 변수에 할당
 8  list_row = 1
```

```python
 9  path = pathlib.Path("..\data\sales")      # 상대 경로 지정
10  for pass_obj in path.iterdir():
11      if pass_obj.match("*.xlsx"):
12          wb = openpyxl.load_workbook(pass_obj)
13          for sh in wb:
14              for dt_row in range(9,19):
15                  if sh.cell(dt_row, 2).value != None:
16                      lsh.cell(list_row, 1).value =
                            sh.cell(2, 7).value
17                      lsh.cell(list_row, 2).value =
                            sh.cell(3, 7).value
18                      lsh.cell(list_row, 3).value =
                            sh.cell(4, 3).value
19                      lsh.cell(list_row, 4).value =
                            sh.cell(7, 8).value
20                      lsh.cell(list_row, 5).value =
                            sh.cell(dt_row, 1).value
21                      lsh.cell(list_row, 6).value =
                            sh.cell(dt_row, 2).value
22                      lsh.cell(list_row, 7).value =
                            sh.cell(dt_row, 3).value
23                      lsh.cell(list_row, 8).value =
                            sh.cell(dt_row, 4).value
24                      lsh.cell(list_row, 9).value =
                            sh.cell(dt_row, 5).value
25                      lsh.cell(list_row, 10).value =
                            sh.cell(dt_row, 4).value * \
26                          sh.cell(dt_row, 5).value
27                      lsh.cell(list_row, 11).value =
                            sh.cell(dt_row, 7).value
28                      list_row += 1
29
30  with open("..\data\sales\salesList.csv","w",
    encoding="utf_8_sig") as fp:
```

```
31  ⌐__⌐writer = csv.writer(fp, lineterminator="\n")
32  ⌐__⌐for row in lsh.rows:
33  ⌐__⌐⌐__⌐writer.writerow([col.value for col in row])
            # 리스트 내포(list comprehension)
```

10, 13, 14번에 for~in 문이 있는데 이건 동일한 처리를 반복하고 싶을 때 사용하는 구문입니다. 전체 코드를 살펴보면 무언가를 계속 반복하는 동작이 핵심인 것을 알 수 있습니다.

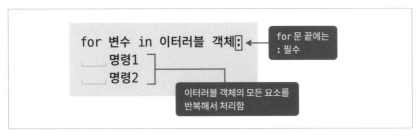

그림 3-20 for~in 문으로 반복 제어

이터러블(iterable) 객체는 여러 요소가 있을 때, 요소를 한 번에 하나씩 차례대로 반환하는 객체입니다.

예를 들어 10번 for pass_obj in path.iterdir():에서 path.iterdir() 메서드가 인수의 경로로 특정 폴더를 가리키는 경우, 폴더 안에 있는 파일 및 폴더를 하나씩 차례대로 반환합니다. 그러므로 폴더에 엑셀 파일이 여러 개 있더라도 중복 또는 누락하지 않고 순서대로 처리합니다.

그리고 13번 for sh in wb:는 wb(통합문서)에서 sh(워크시트)를 하나씩 추출하는 코드입니다. 통합문서에 포함된 모든 워크시트를 순서대로 읽어서 처리합니다.

14번 for dt_row in range(9,19):는 for 문과 range() 함수를 조합한 코드입니다.

그림 3-21 for-range()를 사용하는 반복문

14번의 for 문은 매출전표의 매출 명세 부분을 처리하는 코드인데 설명이 복잡하므로 여기에서는 조금 더 간단한 예제 프로그램으로 for~range( ) 문의 동작을 확인해 봅시다. 아래에서 제시한 프로그램명으로 실습하고 파이썬 파일은 python_prg 폴더에 저장합니다.

코드 3-20 for~range( ) 문을 사용한 프로그램(sample1.py)

```
for i in range(5):
    print("반복:{}".format(i))
```

문제　출력　디버그 콘솔　**터미널**　　　　　　　　　　　　　　　　　2: Python De

```
PS C:\Users\IEUser\Documents\python_prg> ${env:DEBUGPY_LAUNCHER_PORT}='60231'; & 'C:\Py
User\.vscode\extensions\ms-python.python-2020.4.76186\pythonFiles\lib\python\debugpy\whe
User\Documents\python_prg\sample1.py'
반복:0
반복:1
반복:2
반복:3
반복:4
PS C:\Users\IEUser\Documents\python_prg>
```

그림 3-22 0에서 4까지 5번 반복

for 문으로 range( ) 함수에 인수 하나만 설정하면 0에서 시작해 인수로 지정한 값 이전까지 즉, 인수로 지정한 횟수만큼 반복해 처리합니다. 5를 지정했으므로 0, 1, 2, 3, 4라고, print( ) 함수로 값을 다섯 번 출력합니다. 이 샘플 프로그램은 **"문자열".**format( ) 메서드를 사용해서 변수 i 값을 {} 안에 대입

한 결과를 출력합니다. {}는 **"문자열".format( )** 메서드에서 인수로 받은 문자
열을 어디에 출력할지 위치를 지정하려고 사용하는 기호입니다.

계속해서 제2의 인수를 지정하는 경우도 알아봅시다.

코드 3-21 range( ) 함수에 제2의 인수를 사용한 프로그램(sample2.py)

```python
for i in range(1, 5):
    print("반복:{}".format(i))
```

그림 3-23 1에서 4까지 4번 반복

이렇듯 두 가지 인수를 지정하면 첫 번째 인수는 시작값이 되고, (두 번째 인
수가 정짓값이 되는 게 아니라) 두 번째 인수로 지정한 값보다 하나 작은 값
이 정짓값이 됩니다. 그러므로 예제 프로그램 실행 결과는 1, 2, 3, 4가 순서
대로 출력됩니다.

이 장의 예제 프로그램으로 돌아가서 매출전표에서 옮길 매출 명세의 셀
범위를 다시 확인해 봅시다.

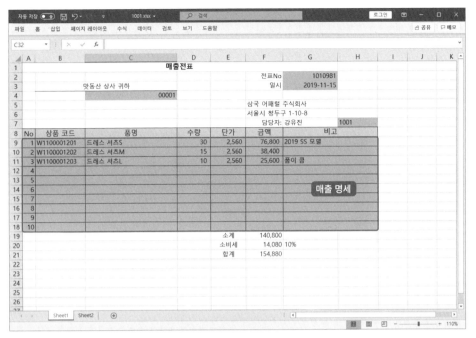

그림 3-24 매출전표 데이터와 옮겨 쓸 범위

프로그램 14번의 `for dt_row in range(9,19)`는 매출전표 워크시트의 9행부터 19행의 하나 앞인 18행까지 처리합니다. 결국 변수 dt_row에는 9, 10, ……, 17, 18이라는 값이 순서대로 들어갑니다.

셀(cell)을 행과 열로 지정하는 방법은 다음과 같습니다.

```
lsh.cell(list_row, 1).value = sh.cell(2, 7).value
```

인수가 무엇인지 알기 쉽게 다시 적어 보겠습니다.

```
lsh.cell(row=list_row, column=1).value =
sh.cell(row=2, column=7).value
```

이렇게 인수에 row, column을 넣어 명시적으로 표시할 수도 있습니다.

엑셀 파일에서 읽을 범위

예제 프로그램에서는 행, 열을 지정해서 워크시트의 셀에 접근했습니다. 워크시트는 이터러블 객체로서, 행을 돌려주고, 행은 같은 방법으로 셀을 돌려줍니다. 이렇게 이터러블 객체를 활용하면 직접 행 번호, 열 번호를 사용하지 않아도 읽어 들일 셀을 자동으로 지정할 수 있습니다.

data 폴더에 sample.xlsx라는 이름으로 다음과 같은 엑셀 파일을 만들고 동작을 확인해 봅시다.[14]

◢	A	B	C	D	E	F
1	1	A	문자열1	110	2,100	110,000
2	2	B	문자열2	120	2,200	120,000
3	3	C	문자열3	130	2,300	130,000
4	4	D	문자열4	140	2,400	140,000
5	5	E	문자열5	150	2,500	150,000
6						

그림 3-25 sample.xlsx 내용

이 워크시트에는 A1부터 F5 범위에 데이터가 들어 있습니다.

다음 프로그램을 실행하면 sample.xlsx를 불러온 다음, 통합문서(wb)에서 워크시트(sheet)를, 워크시트(sheet)에서 행(row)을, 행(row)에서 다시 셀(cell) 값을 불러와 순서대로 출력합니다.

코드 3-22 대상 워크시트에서 데이터를 자동으로 읽는 프로그램(sample3.py)

```
1  import openpyxl
2
3  wb = openpyxl.load_workbook("..\data\sample.xlsx")
4  for sheet in wb:
5      for row in sheet:
6          for cell in row:
7              print(cell.value)
```

14 sample.xlsx는 다운로드한 예제 파일에도 포함되어 있습니다.

이 코드를 비주얼 스튜디오 코드에 입력합시다. 파이썬 파일은 sales_slip2csv.py와 마찬가지로 python_prg 폴더에 저장합니다. 코드 입력이 끝나면 [실행] 메뉴에서 [디버깅 없이 실행]을 클릭합니다. 실행 결과는 화면 아래의 [터미널]에 표시됩니다.

그림 3-26 행, 열 순서대로 출력됨

워크시트에 있는 셀 내용이 순서대로 한 줄씩 출력되는 걸 알 수 있습니다. 이렇듯 데이터가 어떤 범위(Range)에 규칙적으로 입력되어 있으면 for row in sheet:로 워크시트의 행마다 반복, for cell in row:로 그 행의 셀마다 반복해서 차례차례 접근할 수 있습니다. 예제 파일 뿐만 아니라 다른 파일을 읽을 때도 직접 읽을 범위를 지정하지 않아도 되기 때문에 매우 편리합니다.

하지만 데이터가 정렬되어 있지 않거나 데이터가 없는 셀이 범위 안에 있다면 어떻게 해야 할까요? 열과 행의 끝을 어떻게 판단하는지 알아봅시다.

시험삼아 G열을 건너뛰고 H열에 숫자를 하나 추가합니다. 마찬가지로 6행에는 아무것도 입력하지 않고 7행 A열에 숫자를 입력합니다. 이 파일의 이름은 sample1.xlsx라고 이름 짓고 data 폴더에 저장하겠습니다.

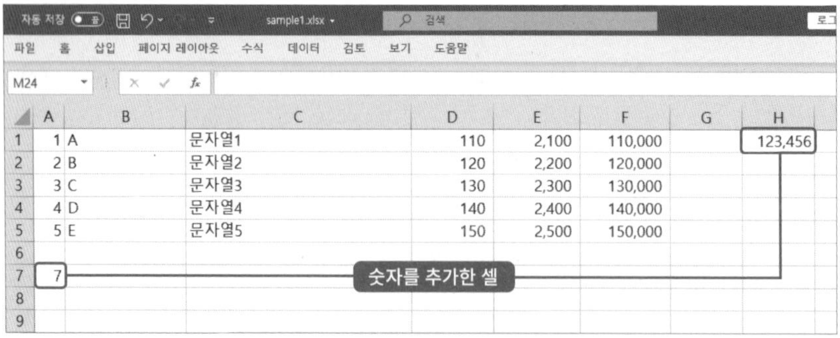

그림 3-27 행과 열에 빈 곳을 두고 숫자를 추가(sample1.xlsx)

새롭게 만든 파이썬 파일의 이름은 sample4.py라고 하겠습니다. 앞에서 만든 코드 3-22와 달라진 점은 불러올 엑셀 파일명이 sample.xlsx에서 sample1.xlsx로 바뀐 부분입니다. 여러분이 직접 수정한 다음 실행해서 처리 결과를 확인해 봅시다.

그림 3-28 공백이 있는 데이터를 읽은 출력 결과(1행~3행 초반)

[터미널] 출력 결과를 보면 1행 A열부터 순서대로 표시되어 F열(110000)까지 문제없이 출력됩니다. 여기까진 전과 같지만, 다음 열은 아무것도 입력하지

않은 셀인데 출력된 값은 None입니다. 비어 있는 데이터를 읽으면 None으로 처리된다는 것을 알 수 있습니다. 그리고 다시 H열(123456)을 출력합니다. 그리고 2행으로 넘어갑니다.

2행에서는 A열부터 순서대로 2, B라고 출력하고 120000 뒤에 None, None이라고 위쪽 행에서 처리한 열 범위(H열)까지 읽습니다.

그림 3-29 공백이 있는 데이터를 읽은 출력 결과(5행~7행)

다음으로 마지막 행의 출력 결과를 봅시다. 셀 F5(5행 6열)의 150000을 출력한 후 10개의 None이 출력됩니다. 그리고 7을 출력한 후 남은 열의 셀 개수만큼 None이 출력됩니다.

이것으로 for row in sheet:, for cell in row:로 읽을 범위(Range)를 지정하면 열과 행 방향에 데이터가 입력된 최대 범위, 즉 A1부터 H7까지를 셀의 범위로 한다는 것을 알 수 있습니다.

Note 엑셀 데이터로 '출력하는' 파이썬 코드

지금까지 주로 워크시트에 있는 데이터를 읽어 처리하는 방법을 소개했습니다. 반대로 읽은 워크시트 데이터를 출력해 엑셀 파일을 만드는 방법도 소개하겠습니다.

우선 sales_slip2csv.py의

```
with open("..\data\sales\salesList. csv","w",
        encoding="utf_8_sig") as fp:
```

이후 줄을 모두 주석 처리해서 무효로 합니다.

```
31                     list_row += 1
32
33  lwb.save("..\data\sales\salesList.xlsx")
34  """
35  with open("..\data\sales\salesList.csv","w",encoding="utf_8_sig") as
36      writer =        주석 처리해서 무효화    eterminator="\n")
37      for row in lsh.rows:
38          writer.writerow([col.value for col in row])
39  """
40      |
```

그림 3-30 CSV로 출력하는 코드를 주석 처리해서 무효화

대신에 통합문서(lwb)의 save( ) 메서드를 사용해서

```
lwb.save("..\data\sales\salesList.xlsx")
```

이렇게 추가하고 저장합니다.[15]

실행하면 매출 목록표를 엑셀(xlsx) 파일로 출력하게 됩니다.[16]

데이터의 한 형태인 리스트(list)

CSV와 관련해서 주목할 부분은 리스트(list)입니다. 예제 프로그램의 33번은 `writer.writerow( )` 메서드로 CSV 파일 형태로 한 행씩 데이터를 출력하는

---

15 여기에 추가한 코드는 이후 설명과는 무관합니다.
16 수정한 sales_slip2csv.py를 실행한 후에는 다시 실행하기 전에 출력된 salesList.xlsx를 꼭 삭제해야 합니다. 파일이 남아 있으면 다음 예제에서 sales_slip2csv.py를 실행할 때 다른 매출전표와 함께 읽을 대상에 포함되는 문제가 생깁니다.

내용입니다. 인수로 지정한 다음 코드를 보겠습니다.

```
[col.value for col in row]
```

이것은 리스트 내포(List Comprehension)라는 프로그래밍 기법입니다.

리스트는 다른 프로그래밍 언어에서 배열이라고 부르는 것과 비슷합니다. 리스트는 0개 이상의 요소를 나열하여 표현하며 대괄호([], 브래킷)로 요소 전체를 감쌉니다.

어떤 테스트 결과를 처리하기 위해서 참가자 점수를 나열한 데이터로 간단한 예를 들어보겠습니다. 다섯 명의 점수가 90점, 92점, 76점, 86점, 67점일 때, 이것을 리스트 형식으로 변수 result에 대입합니다. 이것을 코드로 표시하면 다음과 같습니다.

```
result = [90,92,76,86,67]
```

이런 식으로 각 요솟값을 콤마로 구분해서 나열한 데이터이므로 CSV 출력에 잘 맞습니다.

> **Note 리스트와 유사한 튜플 형식**
>
> 파이썬에는 리스트와 비슷한 자료 구조로 튜플(tuple)이 있습니다. 튜플은 result = (90,92,76,86,67)처럼 괄호( )로 앞뒤를 둘러쌉니다. 리스트와 튜플의 차이점은 변경 가능 여부입니다. 리스트는 가변 객체인데, 가변(mutable) 객체는 만든 후에도 값을 변경할 수 있습니다. 즉, 리스트는 만든 후에도 요소를 추가하거나 삭제할 수 있습니다. 그러나 튜플은 불변(immutable) 객체라서 요소의 내용을 바꿀 수가 없습니다. 그 외에는 둘 다 인덱스(index)로 자료에 접근할 수 있고, 내부 요소에 서로 다른 자료형의 값이 와도 괜찮습니다.

이제 리스트 내포 표기법을 설명하겠습니다. 리스트 내포는 다음과 같이 작성합니다.

```
[식 for 변수명 in 이터러블 객체]
```

이렇게 하면 이터러블 객체에 들어 있는 요소를 변수명에 대입하고 식 내부에서 사용합니다. 그리고 그 결과를 모아서 리스트를 만듭니다. 앞에서 설명했듯이 이터러블 객체란 여러 요소에서 차례대로 하나씩 요소를 반환하는 객체인데, 리스트나 튜플은 순서대로 값을 꺼낼 수 있으므로 시퀀스(sequence)형이라고도 부릅니다.[17] 파이썬에서는 문자열도 시퀀스형입니다. 33번을 살펴보겠습니다.

```
[col.value for col in row]
```

이 문법을 분석해 보면 식은 col.value, 이터러블 객체는 col in row입니다. 해석하면 행(row)에서 열(col)을 추출해서 식 col.value를 실행하고, 나온 결과를 모아 리스트를 만든다는 뜻입니다.

리스트 데이터를 구체적으로 살펴보기 위해 sales_slip2csv.py의 34번에 print() 함수를 추가해서 생성한 리스트를 한 줄씩 살펴봅시다.

---

17 (옮긴이) 리스트나 튜플은 반드시 값이 순서대로 출력됩니다. 반면 Set과 같이 이터러블 객체지만 순서를 보장하지 않는 자료형은 실행할 때마다 출력 순서가 달라질 수 있습니다.

● 코드

```
with open("..\data\sales\salesList.csv","w",encoding="utf_8_sig") as fp:
    writer = csv.writer(fp, lineterminator="\n")
    for row in lsh.rows:
        writer.writerow([col.value for col in row])
        print([col.value for col in row])
```

추가한 줄

● 출력결과

```
PS C:\Users\IEUser\Documents\python_prg>  ${env:DEBUGPY_LAUNCHER_PORT}='50036'; & 'C:\Py\Python37\python.exe' 'c:\Users\IEUser\.vscode\extensions\ms-python.python-2020.4.76186\pythonFiles\lib\python\debugpy\wheels\debugpy\launcher' 'c:\Users\IEUser\Documents\python_prg\03\python_prg\sales_slip2csv.py'
[1010981, datetime.datetime(2019, 11, 15, 0, 0), 1, 1001, 1, 'W1100001201', '드레스 셔츠S', 30, 2560, 76800, '2019 SS 모델']
[1010981, datetime.datetime(2019, 11, 15, 0, 0), 1, 1001, 2, 'W1100001202', '드레스 셔츠M', 15, 2560, 38400, None]
[1010981, datetime.datetime(2019, 11, 15, 0, 0), 1, 1001, 3, 'W1100001203', '드레스 셔츠L', 10, 2560, 25600, '품이 큼']
[1010982, datetime.datetime(2019, 11, 16, 0, 0), 2, 1001, 1, 'W1200001201', '캐쥬얼 셔츠S', 50, 1890, 94500, '특가']
[1010982, datetime.datetime(2019, 11, 16, 0, 0), 2, 1001, 2, 'W1200001202', '캐쥬얼 셔츠M', 30, 1890, 56700, '특가']
[1020765, datetime.datetime(2019, 11, 20, 0, 0), 5, 2001, 1, 'M1000043001', '폴로 셔츠S', 100, 2100, 210000, None]
[1020765, datetime.datetime(2019, 11, 20, 0, 0), 5, 2001, 2, 'M1000043002', '폴로 셔츠M', 120, 2100, 252000, None]
[1020765, datetime.datetime(2019, 11, 20, 0, 0), 5, 2001, 3, 'M1000043003', '폴로 셔츠L', 150, 2100, 315000, '주력 상품']
[1020765, datetime.datetime(2019, 11, 20, 0, 0), 5, 2001, 4, 'M1000043004', '폴로 셔츠LL', 130, 2100, 273000, None]
[1020765, datetime.datetime(2019, 11, 20, 0, 0), 5, 2001, 5, 'M1000043005', '폴로 셔츠XL', 100, 2100, 210000, None]
[1020766, datetime.datetime(2019, 11, 23, 0, 0), 4, 2001, 1, 'M1000043001', '폴로 셔츠S', 100, 2250, 225000, None]
[1020766, datetime.datetime(2019, 11, 23, 0, 0), 4, 2001, 2, 'M1000043002', '폴로 셔츠M', 120, 2250, 270000, None]
PS C:\Users\IEUser\Documents\python_prg>
```

그림 3-31 [col.value for col in row]으로 생성한 데이터 확인

이 리스트를 writer.writerow() 메서드로 출력하면(33번), CSV 파일 형태로 1행씩 출력됩니다.

CSV 형식으로 출력하기

slaes_slip2csv.py로 생성한 CSV 파일을 살펴봅시다.

```
salesList.csv - 메모장
1010981,2019-11-15 00:00:00,1,1001,1,W1100001201,드레스 셔츠S,30,2560,76800,2019 SS 모델
1010981,2019-11-15 00:00:00,1,1001,2,W1100001202,드레스 셔츠M,15,2560,38400,
1010981,2019-11-15 00:00:00,1,1001,3,W1100001203,드레스 셔츠L,10,2560,25600,품이 큼
1010982,2019-11-16 00:00:00,2,1001,1,W1200001201,캐쥬얼 셔츠S,50,1890,94500,특가
1010982,2019-11-16 00:00:00,2,1001,2,W1200001202,캐쥬얼 셔츠M,30,1890,56700,특가
1020765,2019-11-20 00:00:00,5,2001,1,M1000043001,폴로 셔츠S,100,2100,210000,
1020765,2019-11-20 00:00:00,5,2001,2,M1000043002,폴로 셔츠M,120,2100,252000,
1020765,2019-11-20 00:00:00,5,2001,3,M1000043003,폴로 셔츠L,150,2100,315000,주력 상품
1020765,2019-11-20 00:00:00,5,2001,4,M1000043004,폴로 셔츠LL,130,2100,273000,
1020765,2019-11-20 00:00:00,5,2001,5,M1000043005,폴로 셔츠XL,100,2100,210000,
1020766,2019-11-23 00:00:00,4,2001,1,M1000043001,폴로 셔츠S,100,2250,225000,
1020766,2019-11-23 00:00:00,4,2001,2,M1000043002,폴로 셔츠M,120,2250,270000,
```

그림 3-32 예제 프로그램을 출력한 CSV 파일

출력 형식으로 CSV 파일을 사용하는 건 임의의 소프트웨어(이 책에서는 가상의 판매 관리 프로그램)가 이 형식의 데이터를 읽어 들이기 때문입니다. 따라서 사용하는 프로그램에 맞게 CSV 파일은 일부 수정해야 할 수도 있습니다.

예를 들어 따옴표 처리인데 그림 3-32에는 따옴표 기호가 없습니다. 하지만 프로그램에 따라서는 숫자 이외의 항목에 따옴표가 필요할 수도 있고, 아니면 모든 항목에 따옴표가 필요할 수도 있습니다.

숫자 이외의 항목에 따옴표를 붙이는 시스템에 맞추려면, csv.writer() 메서드로 CSV 파일을 생성할 때 다음처럼 따옴표를 표시하도록 지정해야 합니다.

```
writer = csv.writer(fp, quoting=csv.QUOTE_NONNUMERIC,
                    lineterminator="\n")
```

QUOTE_NONNUMERIC은 숫자가 아니면 따옴표라는 뜻입니다. 이때 출력 결과는 그림 3-33과 같습니다.

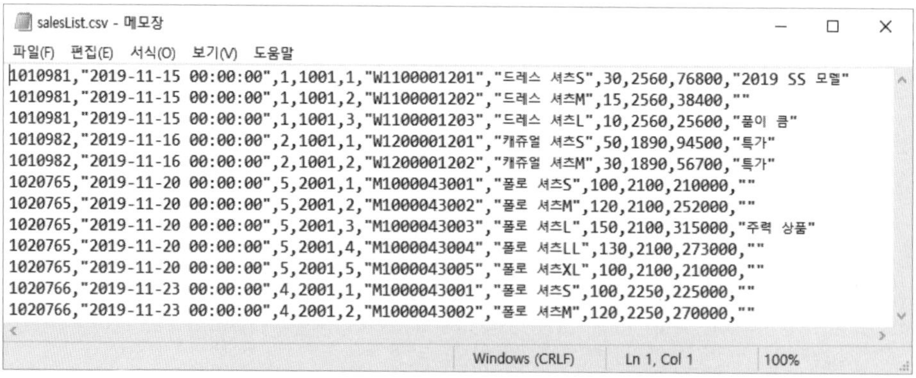

그림 3-33 quoting=csv.QUOTE_NONNUMERIC을 지정한 CSV 출력

모든 항목에 따옴표를 붙이려면 quoting=csv.QUOTE_ALL을 지정합니다. 이러면 숫자 값에도 따옴표가 붙습니다. 반대로 모든 항목에 따옴표를 붙이고 싶

지 않을 때는 quoting=csv.QUOTE_NONE을 지정합니다. 지정을 생략하면 기본 값으로 QUOTE_MINIMAL이 지정됩니다. QUOTE_MINIMAL은 파서[18]가 식별하기 어려운 특별 문자를 포함한 필드만 따옴표 처리합니다.

엑셀 파일이 서버나 NAS에 있을 경우

이 장에서 다룬 예제 프로그램은 자신의 컴퓨터에 프로그램과 매출전표 엑셀 파일이 존재한다는 가정하에 프로그램을 작성했습니다. 하지만 실제 업무 환경에서는 파일 서버나 NAS[19] 같은 네트워크 상에 파일이 존재하는 때도 많습니다. 그럴 때는 네트워크 서버나 폴더를 네트워크 드라이브로 설정해서 드라이브 문자를 할당하면 됩니다. 벌써 그렇게 사용하는 분들도 많으실 테지요. 코드 안에서는 드라이브 문자열을 포함한 절대 경로로 폴더를 지정합니다.

예를 들어 z 드라이브의 \data\sales 폴더에 매출전표 엑셀 파일이 존재한다고 합시다. 그렇다면 9번 pathlib.Path() 메서드의 인수를 바꿔서 다음처럼 작성합니다.

```
path = pathlib.Path("z:\data\sales")
```

마찬가지로 같은 폴더(z 드라이브의 \data\sales 폴더)에 CSV 파일을 작성하고 싶다면 30번 open() 함수에 인수로 다음과 같이 지정합니다.

```
with open("z:\data\sales\salesList.csv","w",
        encoding="utf_8_sig") as fp:
```

---

18 파서(parser)는 구문을 분석하는 소프트웨어를 지칭하는 말입니다. 파서는 데이터를 다루는 소프트웨어의 중요한 기능입니다.
19 NAS(Network Attached Storage = 네트워크 연결 스토리지)는 네트워크에 접속해서 사용하는 보조 기억 장치입니다. 파일 서버로 특화된 서버라고 생각하면 됩니다.

이 방법은 프로그램과 매출전표를 전혀 다른 장소에 두고 싶을 때도 응용 가능합니다.

이것으로 sales_slip2csv.py 관련 설명이 끝났으니 비주얼 스튜디오 코드에서 sales_slip2csv.py를 실행해 봅시다. [실행] 메뉴에서 [디버깅 없이 실행]을 선택하면 됩니다.

실행했더니 '퍼미션 에러?'

은미 씨가 유비를 부르는군요. 또 무슨 일일까요?

• •

은미 유비 이것 좀 봐! 무슨 에러가 떴는데?

유비 뭐라고? 지금 바로 갈 테니 화면 닫지 말고 그대로 둬!

PC 화면을 확인하러 간 유비는 뭔가 알아차린 모양입니다.

유비 아 PermissionError:[Errno 13]이구나. 매출전표 파일을 다른 곳에서 열고 있어서 그래. 프로그램 사용하기 전에 엑셀 파일들을 전부 닫고 실행하라고 그랬잖아.

은미 내가 연 게 아니라고! 닫으라고 해도 누가 어디서 열고 있는지 어떻게 알아!

유비 음……. 그건 그렇네. 영업 부서 파일은 파일 서버에 있으니까. 안 그래도 요즘 에러 처리 공부하고 있으니까 좀 고쳐 볼게.

• •

프로그램을 실행하다 보면 예외가 발생하기도 하는데 예외가 발생하면 그 순간 프로그램 실행이 멈추게 됩니다. 이것을 에러가 발생했다고 하지요.

예제 프로그램 sales_slip2csv.py에서 12번 `openpyxl.load_workbook()` 메서드로 엑셀 파일을 읽을 때 해당 파일이 다른 곳에서 이미 사용 중이라면 `PermissionError:[Errno 13] Permission denied`라는 예외가 발생하는데, 이러면 프로그램이 도중에 끝나버립니다. 따라서 이런 에러에 대한 대책이 필요합니다. 파이썬에 있는 예외 처리 기능을 써서 sales_slip2csv.py를 수정해 봅시다.

코드 3-23 예외 처리를 구현한 sales_slip2csv_er.py

```python
1  import pathlib
2  import openpyxl
3  import csv
4
5  try:
6      lwb = openpyxl.Workbook()
7      lsh = lwb.active
8      list_row = 1
9      path = pathlib.Path("..\data\sales")
10     for pass_obj in path.iterdir():
11         if pass_obj.match("*.xlsx"):
12             wb = openpyxl.load_workbook(pass_obj)
13             for sh in wb:
14                 for dt_row in range(9,19):
15                     if sh.cell(dt_row, 2).value != None:
16                         lsh.cell(list_row, 1).value =
                               sh.cell(2, 7).value
17                         lsh.cell(list_row, 2).value =
                               sh.cell(3, 7).value
18                         lsh.cell(list_row, 3).value =
                               sh.cell(4, 3).value
19                         lsh.cell(list_row, 4).value =
                               sh.cell(7, 8).value
20                         lsh.cell(list_row, 5).value =
                               sh.cell(dt_row, 1).value
```

```
21 _____lsh.cell(list_row, 6).value =
                    sh.cell(dt_row, 2).value
22 _____lsh.cell(list_row, 7).value =
                    sh.cell(dt_row, 3).value
23 _____lsh.cell(list_row, 8).value =
                    sh.cell(dt_row, 4).value
24 _____lsh.cell(list_row, 9).value =
                    sh.cell(dt_row, 5).value
25 _____lsh.cell(list_row, 10).value =
                    sh.cell(dt_row, 4).value * \
26 _____sh.cell(dt_row, 5).value
27 _____lsh.cell(list_row, 11).value =
                    sh.cell(dt_row,7).value
28 _____list_row += 1
29
30 ____with open("..\data\sales\salesList.csv","w",
                 encoding="utf_8_sig") as fp:
31 _____writer = csv.writer(fp, lineterminator="\n")
32 _____for row in lsh.rows:
33 _____writer.writerow([col.value for col in row])
34 except PermissionError as ex:
35 __print(ex.filename," Permission 에러")
36 except:
37 __print("예외 발생")
```

5번에 try를 추가해서 예외를 감시할 코드를 감쌉니다. try 뒤에는 꼭 콜론
(:)을 붙여야 합니다. 당연하지만 관련 코드 블록은 모두 한 단계 들여쓰기합
니다.

　34번 이후도 새롭게 추가한 코드입니다. 우선 34번을 보면 except에
PermissionError와 같이 발생할 가능성이 있는 예외를 구체적으로 지정합니
다. 이러면 지정한 예외가 발생했을 때 예외를 포착해 원하는 처리를 실행할
수 있습니다. 예제 코드에서는 PermissionError가 발생하면 열었던 파일의

파일명을 인용하고 PermissionError가 발생했다는 에러 메시지를 표시합니다. 마지막에 있는 except:는(36번) PermissionError 이외의 모든 에러를 예상치 못한 에러로 지정합니다. 이때 표시하는 에러 메시지는 "예외 발생"이 됩니다.

이것으로 다른 곳에서 사용 중인 파일을 열면 항상 다음과 같은 에러 메시지가 표시됩니다.

그림 3-34 1001.xlsx가 사용 중이어서 에러 발생

실행 결과를 보면 프로그램을 실행하기 전에 **1001.xlsx**가 다른 곳에서 사용 중이어서 PermissionError가 발생했습니다. 이처럼 예외 처리를 해두지 않은 상태에서 PermissionError가 발생하면 프로그램이 그냥 멈추게 됩니다. 추가한 예외 처리 코드 덕분에 어떤 파일을 처리하다가 에러가 발생했는지 알 수 있게 됩니다. 그러면 해당 파일을 닫고 다시 한번 sales_slip2csv_er.py 를 실행하면 문제없이 실행됩니다.

4장

<u>집계</u>

유비, 조 과장한테 혼나다

은미 씨가 부탁해서 파이썬으로 매출전표를 CSV로 출력하는 프로그램을 만들어 준 유비. 그런데 조 과장에게 붙잡혀 혼나고 있군요. 파이썬이 얼마나 범용적인지 열심히 설명하는 유비지만 아무래도 조 과장은 뭔가 꿍꿍이가 있는 듯합니다.

조 과장 유비 씨, 내가 은미 씨한테 VBA로 하라고 한 걸, 왜 멋대로 파이쏭인가 뭔가로 만든 건가!

유비 아니 그게 아니고……. 부탁을 받아서 어쩌다 보니…….

조 과장 엑셀이라면 엑셀에 딸려 나오는 순정 VBA를 써야지 무슨 다른 프로그램을 쓴다고 그래!

유비 주제넘은 말이지만 VBA로 할 수 있는 건 파이썬으로도 할 수 있습니다. 오히려 VBA로는 힘든 작업도 파이썬이라면 가능하니 파이썬이 더 나은 선택이라고 생각합니다.

조 과장 자신이 있다 이거지? 그렇다면 영업부에서 만드는 수주나 매출 집계도 파이썬으로 만들 수 있다는 거야 뭐야?

유비 아마도…….

조 과장 좋아. 본인이 한 말에는 책임을 져야지. 그럼 만들어 봐. 못 만들겠으면 너도 파이인가 뭔가 관두고 VBA를 공부하는 게 좋을 거야.

유비 (뭐야, 그럼 일 시키려 화냈던 거야?) 네, 그렇게 하겠습니다.

조 과장 깔끔하게 인쇄해서 가져오라고.

- -

조 과장이 화난 줄 알았더니 꼭 그런 것만은 아닌가 봅니다. 어딘가 수상하군요.

영업부에서는 매출 실적을 파악하려고 매월 담당자별, 거래처별 매출 집계표를 작성합니다. 또한 수주 경향을 파악하기 위해 수주량을 상품 분류와 사이즈로 교차 집계하는 수주 집계표도 만들고 있습니다.

매출 집계표는 매출전표로 생성한 매출 목록표를 이용해 만드는데, 매출 목록표는 3장에서 이미 만들었습니다. 삼국어패럴은 거래처뿐만 아니라 거래처별 담당자도 이미 정해져 있습니다. 따라서 거래처별, 담당자별 순서로 매출을 집계할 방법을 생각하면 되겠습니다.

수주 집계표는 수주전표로 수주 목록표를 작성해서 집계하면 됩니다.

유비가 어떻게 할지 고민하는 동안에 우리는 우리식으로 만들어 봅시다.

01 | 매출 집계, 수주 교차 집계 프로그램

이 장에서는 먼저 세 가지 프로그램을 소개합니다. 첫 번째는 3장에서 만든 매출 목록 작성 프로그램을 조금 수정해 매출 목록표를 만듭니다. 두 번째는 매출 목록표를 담당자별, 거래처별로 나눠서 집계하는 프로그램입니다. 세 번째는 수주 목록표를 가지고 상품 분류와 사이즈로 수량을 교차 집계하는 프로그램입니다. 집계에 사용하는 데이터 형식으로 파이썬의 대표적인 데이터 구조인 사전(dictionary), 리스트, 튜플을 이용합니다. 그리고 덤으로 엑셀의 피벗 테이블과 같은 분석 프로그램도 소개하겠습니다.

그러면 우선 첫 번째 매출 목록표를 작성하는 프로그램부터 살펴봅시다. 이 프로그램은 다음과 같은 표를 출력합니다.

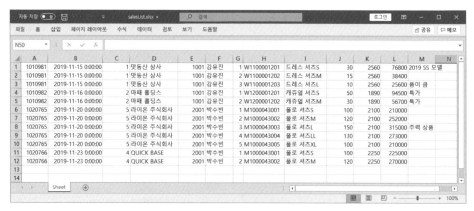

그림 4-1 sales_slip2xlsx.py로 작성한 매출 목록표

이 파일은 3장에서 다룬 sales_slip2csv.py를 약간 수정한 프로그램으로, 동일한 매출전표를 이용해 만든 표입니다.

3장을 복습할 겸 어떤 곳을 변경했는지 살펴봅시다.

코드 4-1 매출전표를 가지고 매출 목록표를 작성하는 sales_slip2xlsx.py

```
1  import pathlib
2  import openpyxl
3  import csv
4
5
6  lwb = openpyxl.Workbook()
7  lsh = lwb.active
8  list_row = 1
9  path = pathlib.Path("..\data\sales")
10 for pass_obj in path.iterdir():
11     if pass_obj.match("*.xlsx"):
12         wb = openpyxl.load_workbook(pass_obj)
13         for sh in wb:
14             for dt_row in range(9,19):
15                 if sh.cell(dt_row, 2).value != None:
```

```
16 ⌷  ⌷  ⌷  ⌷  ⌷ lsh.cell(list_row, 1).value =
                  sh.cell(2, 7).value  #전표NO
17 ⌷  ⌷  ⌷  ⌷  ⌷ lsh.cell(list_row, 2).value =
                  sh.cell(3, 7).value  #일시
18 ⌷  ⌷  ⌷  ⌷  ⌷ lsh.cell(list_row, 3).value =
                  sh.cell(4, 3).value  #거래처 코드
19 ⌷  ⌷  ⌷  ⌷  ⌷ lsh.cell(list_row, 4).value =
                  sh.cell(3, 2).value.strip(" 귀하") #거래처명
20 ⌷  ⌷  ⌷  ⌷  ⌷ lsh.cell(list_row, 5).value =
                  sh.cell(7, 8).value  #담당자 코드
21 ⌷  ⌷  ⌷  ⌷  ⌷ lsh.cell(list_row, 6).value =
                  sh.cell(7, 7).value  #담당자명
22 ⌷  ⌷  ⌷  ⌷  ⌷ lsh.cell(list_row, 7).value =
                  sh.cell(dt_row, 1).value #No
23 ⌷  ⌷  ⌷  ⌷  ⌷ lsh.cell(list_row, 8).value =
                  sh.cell(dt_row, 2).value #상품 코드
24 ⌷  ⌷  ⌷  ⌷  ⌷ lsh.cell(list_row, 9).value =
                  sh.cell(dt_row, 3).value #상품명
25 ⌷  ⌷  ⌷  ⌷  ⌷ lsh.cell(list_row, 10).value =
                  sh.cell(dt_row, 4).value #수량
26 ⌷  ⌷  ⌷  ⌷  ⌷ lsh.cell(list_row, 11).value =
                  sh.cell(dt_row, 5).value #단가
27 ⌷  ⌷  ⌷  ⌷  ⌷ lsh.cell(list_row, 12).value =
                  sh.cell(dt_row, 4).value * \
28                sh.cell(dt_row, 5).value #금액
29 ⌷  ⌷  ⌷  ⌷  ⌷ lsh.cell(list_row, 13).value =
                  sh.cell(dt_row, 7).value #비고
30 ⌷  ⌷  ⌷  ⌷  ⌷ list_row += 1
31
32 lwb.save("..\data\salesList.xlsx")
```

3장의 힌트에서 설명한 대로 마지막 32번 `lwb.save("..\data\salesList.xlsx")`로 매출 목록을 엑셀 파일로 저장합니다.[1]

3장에서는 가상의 판매 관리 프로그램에 등록한다는 가정하에 매출 목록을 CSV 파일로 출력했습니다. 그리고 거래처명이나 담당자명은 이미 판매 관리 프로그램에 등록되어 있다고 생각해 거래처 코드와 담당자 코드만 추출해 목록을 작성했습니다.

하지만 이번에 만드는 집계표는 사람이 보는 표입니다. 유비가 만든 파일을 조 과장에게 제출하면 조 과장은 이것을 또 누군가에게 보여 주겠지요. 따라서 매출 목록표를 쉽게 알아보도록 하기 위해 19번, 21번에 거래처명과 담당자명을 추가했습니다.

매출전표의 거래처명에는 '라이온 주식회사 귀하'처럼 거래처명 다음에 '공백문자 + 존칭'이 붙어 있습니다. 불필요한 문자열 ' 귀하'는 문자열 객체의 `strip()` 메서드[2]로 제거하는 코드가 19번에 포함되어 있습니다.

이런 형식으로 매출 목록표를 작성하면 집계 준비 작업이 끝납니다.

키와 값을 쌍으로 갖는 데이터형인 사전(dictionary)

그러면 sales_slip2xlsx.py로 만든 매출 목록표를 가지고, 담당자별, 거래처별로 집계해 봅시다.

담당자별, 거래처별 매출 집계표를 만들려면 사전 형식 데이터를 사용해야 합니다. 파이썬에서 말하는 사전이 무엇인지 간단히 설명하겠습니다.

사전은 다른 프로그래밍 언어에서는 연관 배열이나 해시 테이블, 키 밸류 쌍이라고 부르는데, 키와 값의 쌍으로 데이터를 기억하는 자료형입니다. 담당자 코드와 담당자명의 조합을 데이터로 만드는 경우를 예로 들어 봅시다.

---

1 (옮긴이) 이 책을 잘 따라온 분이라면 3장 힌트에서 이미 이 작업을 한번 해보았습니다. 여기서는 다른 몇 가지 항목을 추가해 엑셀 파일을 만듭니다. 3장과는 달리 출력할 파일 경로가 다르므로(3장은 data\sales 아래) 주의하길 바랍니다.

2 (옮긴이) strip() 메서드는 일치하는 문자열을 제거할 때 사용합니다. 그런데 인수를 따로 지정하지 않으면 문자열 양쪽 끝에서 공백 문자를 찾아 제거한 뒤 문자열을 반환합니다.

파이썬의 IDLE를 열어 직접 실습해 보세요.

```
File  Edit  Shell  Debug  Options  Window  Help
>>>
>>> persons={1001:"강유진",1002:"남필용",1003:"도승환",2001:"박수빈"}
>>> persons[2001]
'박수빈'
>>>
```

그림 4-2 담당자 코드와 담당자명 쌍

변수 persons에 대입한 값이 사전의 사용 예입니다. 담당자 코드와 담당자명을 한쌍으로 기억합니다. 사전은 요소 전체를 중괄호({})로 감쌉니다. 콜론(:)을 사이에 두고 '키 : 값' 형식으로 하나의 요소를 선언합니다. 각각의 요소는 쉼표(,)로 구분합니다.

요소의 값을 불러오려면 persons[2001]처럼 대괄호([])에 키를 입력하면 됩니다(이때 값은 '박수빈'이 됩니다). 사전은 가변 객체이므로 변경할 수 있습니다. 이런 특징 때문에 키의 중복은 허용하지 않습니다. 만약 같은 키가 존재하면 나중에 추가한 키 값으로 덮어쓰게 됩니다.

파이썬으로 매출 목록표에서 담당자별, 거래처별로 집계하기

사전 사용법을 배웠으니 이제 담당자별, 거래처별 매출 집계표를 작성하는 프로그램 aggregate_sales.py를 살펴봅시다.

코드 4-2 담당자별, 거래처별로 집계하는 **aggregate_sales.py**

```
1   import openpyxl
2
3   def print_header():
4   ⌴⌴osh["A1"].value = "담당자"
5   ⌴⌴osh["B1"].value = "수량"
6   ⌴⌴osh["C1"].value = "금액"
7   ⌴⌴osh["D1"].value = "거래처"
8   ⌴⌴osh["E1"].value = "수량"
9   ⌴⌴osh["F1"].value = "금액"
```

```
10
11
12 wb = openpyxl.load_workbook("..\data\salesList.xlsx")
13 sh = wb.active
14 sales_data = {}
15 for row in range(1, sh.max_row + 1):
16 ____person = sh["E" + str(row)].value
17 ____customer = sh["C" + str(row)].value
18 ____quantity = sh["J" + str(row)].value
19 ____amount = sh["L" + str(row)].value
20 ____sales_data.setdefault(person, {"name": sh["F" + str(row)].
        value , "quantity": 0, "amount":0})
21 ____sales_data[person].setdefault(customer, {"name": sh["D" +
        str(row)].value , "quantity": 0, "amount":0})
22 ____sales_data[person][customer]["quantity"] += int(quantity)
23 ____sales_data[person][customer]["amount"] += int(amount)
24 ____sales_data[person]["quantity"] += int(quantity)
25 ____sales_data[person]["amount"] += int(amount)
26
27
28 owb = openpyxl.Workbook()
29 osh = owb.active
30 print_header()
31 row = 2
32 for person_data in sales_data.values():
33 ____osh["A" + str(row)].value = person_data["name"]
34 ____osh["B" + str(row)].value = person_data["quantity"]
35 ____osh["C" + str(row)].value = person_data["amount"]
36 ____for customer_data in person_data.values():
37 _____if isinstance(customer_data,dict):
38 _____for item in customer_data.values():
39 _____osh["D" + str(row)].value = customer_data["name"]
40 _____osh["E" + str(row)].value =
                    customer_data["quantity"]
```

```
41 ⌴ ⌴ ⌴ ⌴osh["F" + str(row)].value =
                    customer_data["amount"]
42 ⌴ ⌴ ⌴ ⌴row +=1
43
44 osh["F" + str(row)].value = "=SUM(F2:F" + str(row-1) + ")"
45 osh["E" + str(row)].value = "합계"
46
47
48 owb.save("..\data\sales_aggregate.xlsx")
```

aggregate_sales.py는 data 폴더에 있는 salesList.xlsx(매출 목록표)를 담당자 코드와 거래처 코드로 집계해서 같은 data 폴더에 sales_aggregate.xlsx라는 이름으로 집계 결과를 저장하는 프로그램입니다. 일단 프로그램의 실행 결과를 보면 어떻게 처리했는지 이해할 수 있습니다.[3]

	A	B	C	D	E	F	G
1	담당자	수량	금액	거래처	수량	금액	
2	강유진	135	292000	맛동산 상사	55	140800	
3				마패 홀딩스	80	151200	
4	박수빈	820	1755000	라이온 주식회사	600	1260000	
5				QUICK BASE	220	495000	
6					합계	2047000	
7							

그림 4-3 코드 4-2를 실행해서 작성한 매출 집계표(sales_aggregate.xlsx)

그러면 코드를 순서대로 살펴봅시다.

1번에서 openpyxl을 불러오고 3번에서 def 문으로 print_header() 함수를 정의했습니다. print_header() 함수는 출력 파일의 첫 행에 헤더(제목)를 추가합니다.

---

3 각 장 실습에 필요한 예제 데이터 파일은 홈페이지에서 다운로드한 압축 파일 안에 포함되어 있습니다. 04→data→sales 폴더에 있는 1001.xlsx와 2001.xlsx 파일을 문서 폴더→data→ sales에 복사한 후, 코드 4-1 프로그램을 실행하면 salesList.xlsx 파일이 data 폴더에 생성됩니다. 이 파일을 사용해서 코드 4-2 프로그램을 실행하면 data 폴더에 sales_aggregate.xlsx 파일이 만들어집니다.

	A	B	C	D	E	F	G
1	담당자	수량	금액	거래처	수량	금액	
2							
3							
4							
5							

그림 4-4 print_header() 함수를 실행한 출력 이미지

print_header() 함수를 특별히 함수로 만들어야 할 의미까지는 없지만, 셀에 문자열을 쓰는 단조로운 코드여서 함수화하였습니다. 여기서는 셀 지정 방법에 주목하기 바랍니다.

지금까지는 다음과 같이 행과 열의 인수에 각각 숫자를 넣어서 셀을 지정했습니다.

```
워크시트 객체.cell(row,col).value = "아무개"
```

row와 col은 숫자이므로 (3,5)처럼 셀 위치를 표시했습니다.

하지만 이번 프로그램에서는 A1, B2처럼 엑셀에서 사용하는 셀 주소 표시 방법으로 지정했습니다.

```
osh["A1"].value = "담당자"
```

양자의 차이점에 주의하기 바랍니다.

12번부터 집계 처리합니다.

```
openpyxl.load_workbook("..\data\salesList.xlsx")
```

12번 코드는 프로그램을 저장한 폴더와 같은 레벨에 있는 data 폴더에서 salesList.xlsx(매출 목록표)를 엽니다. 해당 파일에는 워크시트 한 장만 존재합니다. 13번에서 active 프로퍼티(속성)로 현재 활성화 상태인 워크시트(기본 워크시트)를 가져옵니다.

14번에서 sales_data라는 빈 사전을 미리 만들어서 나중에 집계 데이터를 여기에 추가합니다.

```
sales_data = {}
```

15~25번은 for 반복문입니다. 15번 for 문에서는 range() 함수로 반복할 범위를 정합니다. 여기에서는 range() 함수의 시작값과 정짓값을 1과 sh.max_row + 1로 정했습니다. max_row 프로퍼티는 워크시트에서 데이터의 마지막 행이 몇 행인지 반환합니다. 이전에 설명한 대로 range() 함수의 정짓값은 범위에 포함되지 않으므로 max_row 프로퍼티 값에 1을 더해야 마지막 행까지 빠짐없이 반복문을 실행할 수 있게 됩니다.

다시 한번 매출 목록표(salesList.xlsx)를 확인해 봅시다.

	A	B	C	D	E	F	G	H	I	J	K	L	M
1	1010981	2019-11-15 0:00:00	1	맛동산 상사	1001	강유진	1	W1100001201	드레스 셔츠S	30	2560	76800	2019 SS 모델
2	1010981	2019-11-15 0:00:00	1	맛동산 상사	1001	강유진	2	W1100001202	드레스 셔츠M	15	2560	38400	
3	1010981	2019-11-15 0:00:00	1	맛동산 상사	1001	강유진	3	W1100001203	드레스 셔츠L	10	2560	25600	품이 큼
4	1010982	2019-11-16 0:00:00	2	마패 홀딩스	1001	강유진	1	W1200001201	캐주얼 셔츠S	50	1890	94500	특가
5	1010982	2019-11-16 0:00:00	2	마패 홀딩스	1001	강유진	2	W1200001202	캐쥬얼 셔츠M	30	1890	56700	특가
6	1020765	2019-11-20 0:00:00	5	라이온 주식회사	2001	박수빈	1	M1000043001	폴로 셔츠S	100	2100	210000	
7	1020765	2019-11-20 0:00:00	5	라이온 주식회사	2001	박수빈	2	M1000043002	폴로 셔츠M	120	2100	252000	
8	1020765	2019-11-20 0:00:00	5	라이온 주식회사	2001	박수빈	3	M1000043003	폴로 셔츠L	150	2100	315000	주력 상품
9	1020765	2019-11-20 0:00:00	5	라이온 주식회사	2001	박수빈	4	M1000043004	폴로 셔츠LL	130	2100	273000	
10	1020765	2019-11-20 0:00:00	5	라이온 주식회사	2001	박수빈	5	M1000043005	폴로 셔츠XL	100	2100	210000	
11	1020766	2019-11-23 0:00:00	4	QUICK BASE	2001	박수빈	1	M1000043001	폴로 셔츠S	100	2250	225000	
12	1020766	2019-11-23 0:00:00	4	QUICK BASE	2001	박수빈	2	M1000043002	폴로 셔츠M	120	2250	270000	
13													
14													

그림 4-5 매출 목록표 salesList.xlsx

코드 4-2의 16~19번은 매출 목록표에서 값을 읽는 코드입니다. salesList.xlsx의 E열은 담당자 코드가 들어 있으므로 16번에서 변수 person에 대입합니다.

이어서 17번부터는 C열 거래처 코드를 customer, J열 수량을 quantity, L열 금액을 amount에 각각 대입합니다.

20번은 이번 집계 처리에서 제일 중요한 부분으로, 사전(ditionary)의 set default() 메서드를 사용합니다.

```
20 ⌐ sales_data.setdefault(person, {"name": sh["F" + str(row)].
      value , "quantity": 0, "amount":0})
```

setdefault( ) 메서드로 키에는 담당자 코드, 값에는 name, quantity, amount
세 요소를 지닌 사전을 등록합니다. 사전 데이터의 값이 다시 사전이라는 2
단 구조입니다. 이렇듯 사전은 중첩(nested)해 사용할 수 있습니다.

그림 4-3처럼 매출 집계표는 대분류로 담당자 코드, 소분류로 거래처를 지
정해서 값을 나눈 상태입니다. 만약 데이터에 좀 더 세부적인 분류가 필요하
다면 업무에 맞춰서 3단, 4단으로 데이터를 중첩해 사용하면 됩니다. 다만,
그렇게 되면 데이터 구조가 점점 복잡해지므로 코딩할 때 주의해야 합니다.

사전 내부에 담긴 내용을 좀 더 살펴봅시다.

name의 값은 F열의 데이터인 담당자명을 읽습니다.

```
sh["F" + str(row)].value
```

quantity, amount는 초깃값으로 0을 지정합니다. 이렇게 해서 담당자 레벨의
값을 추가하면 됩니다.

매출 목록표 첫 행을 읽어서 처음으로 setdefault( ) 메서드를 실행한 시점
의 사전 sales_data는 다음과 같은 모습이 됩니다.

```
{1001: {'name': ' 강유진 ', 'quantity': 0, 'amount': 0}}
```

setdefault( ) 메서드는 지정한 키가 존재하지 않으면 키를 추가하고, 존재한
다면 아무것도 하지 않는 기능이 있어 편리합니다. 그러므로 매출 목록표에
서 각 행을 읽을 때마다 setdefault( ) 메서드를 실행해도 문제가 되지 않습
니다. 신규 키를 추가할 때 적합한 메서드라고 할 수 있습니다.

다음 줄(21번)을 보겠습니다.

```
21 ᒻ sales_data[person].setdefault(customer, {"name": sh["D" +
   str(row)].value , "quantity": 0, "amount":0})
```

person(담당자)을 키로 사전 안에 customer(거래처 코드)가 존재하지 않으면 키를 추가하고, 값으로 거래처명(name)과 초깃값을 0으로 지정한 거래처별 수량(quantity), 거래처별 금액(amount)을 추가합니다.

여기까지 실행한 .sales_data 사전은 다음과 같습니다.

```
{1001: {'name': ' 강유진 ', 'quantity': 0, 'amount': 0,
1: {'name': ' 맛동산 상사 ', 'quantity': 0, 'amount': 0}}}
```

담당자 사전 안에 거래처 사전이 들어가 있는 형태가 됩니다.

그리고 22번부터 집계 처리가 시작됩니다.

```
22 ᒻ sales_data[person][customer]["quantity"] += int(quantity)
23 ᒻ sales_data[person][customer]["amount"] += int(amount)
24 ᒻ sales_data[person]["quantity"] += int(quantity)
25 ᒻ sales_data[person]["amount"] += int(amount)
```

22~25번은 매출 목록표의 대상 행에서 각각 다음을 집계합니다.

- 22번 - 담당자의 거래처별 매출 수량

- 23번 - 담당자의 거래처별 매출 금액

- 24번 - 담당자별 매출 수량

- 25번 - 담당자별 매출 금액

매출 목록표 1행을 대상으로 실행한 결과로 sales_data 사전은 이런 상태가
됩니다.

```
{1001: {'name': ' 강유진 ', 'quantity': 30, 'amount': 76800,
1: {'name': ' 맛동산 상사 ', 'quantity': 30, 'amount': 76800}}}
```

이어서 매출 목록표 2행을 대상으로 같은 처리를 한 sales_data 사전은 다음
과 같이 됩니다.

```
{1001: {'name': ' 강유진 ', 'quantity': 45, 'amount': 115200,
1: {'name': ' 맛동산 상사 ', 'quantity': 45, 'amount': 115200}}}
```

이후 매출 목록표 각 행을 대상으로 처리를 반복해서 사전에 존재하지 않는
키라면 거래처 코드나 담당자 코드를 키로 추가하고 금액과 수량을 집계합
니다. 이때 +=라는 복합 대입 연산자를 활용합니다.

　매출 목록표(salesList.xlsx)의 마지막 행까지 처리한 sales_data 사전은 다
음과 같습니다.

```
{1001: {'name': '강유진', 'quantity': 135, 'amount': 292000,
1: {'name': '맛동산 상사', 'quantity': 55, 'amount': 140800},
2: {'name': '마패 홀딩스', 'quantity': 80, 'amount': 151200}},
2001: {'name': '박수빈', 'quantity': 820, 'amount': 1755000,
5: {'name': '라이온 주식회사', 'quantity': 600, 'amount': 1260000},
4: {'name': 'QUICK BASE', 'quantity': 220, 'amount': 495000}}}
```

이제 이렇게 만든 사전을 가지고 새로운 엑셀 워크시트를 만들겠습니다.
28~30번 코드를 살펴봅시다.

```
28 owb = openpyxl.Workbook()
29 osh = owb.active
30 print_header()
```

28번은 openpyxl.Workbook( ) 메서드로 새로운 통합문서를 엽니다. 29번에서는 owb.active 프로퍼티로 열린 워크시트를 선택합니다. 신규 통합문서에는 기본 워크시트가 한 장만 존재하므로 owb.active 프로퍼티로 바로 가져옵니다.

30번은 앞에서 작성한 print_header( ) 함수를 호출해 워크시트 1행에 제목명을 차례로 씁니다. 이어서 2행부터 sales_data 사전에서 가져온 담당자별 집계 수량과 금액, 거래처별 집계 수량과 금액을 워크시트로 옮깁니다. 이런 과정을 31~42번 코드가 수행합니다.

```
for person_data in sales_data.values():
```

32번에서 sales_data 사전에서 값을 하나씩 건네받아 person_data 변수에 대입하는데, 이때 대입하는 값은 중첩된 사전에 저장된 담당자 사전 자체가 값이 됩니다.

```
{'name': '강유진', 'quantity': 135, 'amount': 292000,
 1: {'name': '맛동산 상사', 'quantity': 55, 'amount': 140800},
 2: {'name': '마패 홀딩스', 'quantity': 80, 'amount': 151200}}
```

> **Note 사전에서 키와 값을 얻는 법**
>
> 32번은 values( ) 메서드로 반복문을 실행하는 것이 지금까지의 for~in 사용법과는 조금 다릅니다. for person_data in sales_data:는 키를 가지고 반복문을 실행하는 것으로서, 바꿔 쓰면 for key in sales_data:가 됩니다. 반면 for per

son_data in sales_data.values():는 값을 가지고 반복문을 실행합니다. 32번을 바꿔 쓰면 for value in sales_data.values():가 됩니다. 둘은 서로 다른 목적의 반복문입니다.

설명이 잘 이해되지 않는다면 간단한 예를 보여 드리겠습니다.

```
sales_data = {1001: {'name': '강유진'}, 2001: {'name': '박수빈'}}
for person_data in sales_data:
    print(person_data)
결과..........
1001
2001
for person_data in sales_data.values():
    print(person_data)
결과..........
{'name': '강유진'}
{'name': '박수빈'}
```

추가로 키와 값을 동시에 가져오려면 다음과 같이 하면 됩니다.

```
for key, value in sales_data.items():
    print(key)
    print(value)
결과..........
1001
{'name': '강유진'}
2001
{'name': '박수빈'}
```

이 값이 변수 person_data에 대입됩니다. 이 가운데 name(강유진)을 매출 집계표 워크시트의 A열, quantity(135)를 B열, amount(292000)를 C열에 추가하는 코드가 33~35번입니다.

```
33   ⌐osh["A" + str(row)].value = person_data["name"]
34   ⌐osh["B" + str(row)].value = person_data["quantity"]
35   ⌐osh["C" + str(row)].value = person_data["amount"]
```

이제 변수 person_data에서 거래처 사전을 꺼내 변수 customer_data에 대입합니다. 하지만 이미 살펴보았듯이 담당자 사전(person_data)에는 거래처 사전만 있는 것이 아닙니다. 어떻게 하면 거래처 사전만을 골라낼 수 있을까요? 36번 이후의 코드가 그런 작업을 수행합니다.

```
36   ⌐for customer_data in person_data.values():
```

person_data에서 가져온 customer_data의 내용을 살펴봅시다. print() 함수를 사용하면 내용을 확인할 수 있습니다.

```
강유진
135
292000
{'name': '맛동산 상사', 'quantity': 55, 'amount': 140800}
{'name': '마패 홀딩스', 'quantity': 80, 'amount': 151200}
박수빈
820
1755000
{'name': '라이온 주식회사', 'quantity': 600, 'amount': 1260000}
{'name': 'QUICK BASE', 'quantity': 220, 'amount': 495000}
```

person_data 값을 순서대로 불러오므로 당연하지만 거래처 사전뿐만 아니라 담당자명, 담당자별 수량, 금액도 나오게 됩니다. 이 값이 어디에 속해 있는지 확인하려면 객체(인스턴스)[4] 종류를 확인하는 isinstance( ) 함수를 사용해야 합니다.

```
isinstance(customer_data,dict)
```

이 코드를 실행하면 customer_data가 dict(사전) 객체일 때 True를 반환합니다. True일 때만 D열에 name(거래처명), E열에 quantity(거래처별 수량), F열에 amount(거래처별 금액)를 입력합니다. 다시 말하면 37번은 customer_data에 들어 있는 객체가 사전형(dict) 객체일 때만 38~42번 코드 블록을 실행합니다. 만약 customer_data에 담당자명('강유진') 객체가 들어 있다면, 이 객체는 문자열(str) 객체이므로 38번 이하는 실행하지 않고 무시됩니다. 이런 조건과 처리 내용이 37~41번입니다.

```
37 _____if isinstance(customer_data,dict):
38 _____for item in customer_data.values():
39 _____osh["D" + str(row)].value = customer_data["name"]
40 _____osh["E" + str(row)].value =
                  customer_data["quantity"]
41 _____osh["F" + str(row)].value =
                  customer_data["amount"]
42 _____row +=1
```

변수 person_data 값을 워크시트에 모두 옮겼으면 44번에서 "=SUM(F2:F" + str(row-1) + ")"이라고 F열 합계를 계산하는 SUM( ) 엑셀 함수(계산)식을 F열의 제일 아래 행에 씁니다.

---

4 (옮긴이) 인스턴스는 클래스(설계도)를 바탕으로 생성한 프로그램에서 실제로 사용할 수 있는 객체입니다. 클래스가 일종의 개념이라면 인스턴스는 구체적인 결과(실체)라고 할 수 있습니다.

```
osh["F" + str(row)].value = "=SUM(F2:F" + str(row-1) + ")"
```

이렇게 파이썬 프로그램에서도 엑셀 함수를 사용할 수 있습니다. 이것으로
담당자별, 거래처별로 수량과 금액을 집계하는 프로그램을 완성하였습니다.
프로그램을 실행하면 대분류(담당자), 소분류(거래처)로 집계한 표가 만들어
집니다.

	A	B	C	D	E	F	G
1	담당자	수량	금액	거래처	수량	금액	
2	강유진	135	292000	맛동산 상사	55	140800	
3				마패 홀딩스	80	151200	
4	박수빈	820	1755000	라이온 주식회사	600	1260000	
5				QUICK BASE	220	495000	
6					합계	2047000	
7							

그림 4-6 aggregate_sales.py로 작성한 매출 집계표(sales_aggregate.xlsx)

수주 목록표를 상품 분류와 사이즈로 교차 집계하는 프로그램

이어서 세 번째 프로그램 aggregate_orders.py를 만들어 봅시다. 이 프로그
램은 수주 목록표를 가지고 상품 분류와 사이즈로 수량을 교차 집계하는 프
로그램입니다. 교차 집계는 세로축과 가로축을 곱해서 집계합니다. 읽을 원
본 데이터는 수주 목록표입니다.

그림 4-7 수주 목록표 ordersList.xlsx

삼국어패럴 영업부에는 여러 팀이 있습니다. 조 과장이 이끄는 영업 2팀은 신사복을 다룹니다. 그런데 영업 2팀의 수주 목록표 분류1은 M(Men)뿐이므로 프로그램에서는 특별히 분류할 필요가 없어 생략합니다. 분류2의 10번대 시리즈는 폴로 셔츠 같은 상의에 붙는 코드로 예제 데이터에는 상의만 존재합니다. 그리고 상의에는 몇몇 종류가 있습니다. 남성 의류의 사이즈는 S, M, L, LL, XL입니다. 이 분류2와 사이즈로 수량을 교차 집계합니다. 예제 프로그램에서 사용하는 분류2에는 예제 데이터에서 사용하는 10번대 코드 8종류와 더미 코드[5] 0을 합해서 모두 9종류의 코드가 있습니다. 다음 표는 10번대 코드와 해당하는 상품 분류입니다.

코드	분류명
10	폴로 셔츠
11	드레스 셔츠
12	캐주얼 셔츠
13	티셔츠
15	가디건
16	스웨터
17	땀받이 셔츠
18	파카

표 4-1 영업 2팀에서 사용하는 상품 분류 코드(10번대)

교차 집계에는 2차원 리스트를 사용합니다. 다른 프로그래밍 언어에서는 2차원 배열이라고 부르기도 합니다.

그러면 프로그램 전체를 살펴봅시다.

---

5 (옮긴이) 실제 계산이나 작업에서는 사용하지 않지만 지우지 않고 남겨 둬서 공간을 차지하는 값 등을 더미라고 부릅니다.

코드 4-3 **aggregate_orders.py**

```
1  import openpyxl
2
3  categories = ((0,""),(10,"폴로 셔츠"), (11,"드레스 셔츠"),
   (12,"캐주얼 셔츠"), \
4        (13,"티셔츠"), (15,"가디건"),(16,"스웨터"),
            (17,"땀받이 셔츠"), \
5        (18,"파카"))
6  sizes = ("코드","분류명","S","M","L","LL","XL")
7
8  order_amount= [[0]*len(sizes) for i in range(len(categories))]
9  for j in range(len(sizes)):
10     order_amount[0][j] = sizes[j]
11
12 for i in range(1,len(categories)):
13     order_amount[i][0] = categories[i][0]
14     order_amount[i][1] = categories[i][1]
15
16 wb = openpyxl.load_workbook("..\data\ordersList.xlsx")
17 sh = wb.active
18 for row in range(2, sh.max_row + 1):
19     category = sh["I" + str(row)].value
20     size = sh["L" + str(row)].value
21     amount = sh["M" + str(row)].value
22     for i in range(1,len(categories)):
23         if category == order_amount[i][0]:
24             for j in range(2,len(sizes)):
25                 if size == order_amount[0][j]:
26                     order_amount[i][j] += amount
27
28
29 owb = openpyxl.Workbook()
30 osh = owb.active
31 row = 1
```

```
32 for order_row in order_amount:
33 └──col = 1
34 └──size_sum = 0
35 └──for order_col in order_row:
36 └──└──osh.cell(row, col).value = order_col
37 └──└──if  row > 1 and col > 2:
38 └──└──└──size_sum += order_col
39 └──└──col += 1
40 └──if row == 1:
41 └──└──osh.cell(row, col).value = "합계"
42 └──else:
43 └──└──osh.cell(row, col).value = size_sum
44 └──row += 1
45
46 owb.save("..\data\orders_aggregate.xlsx")
```

이 프로그램은 ordersList.xlsx(수주 목록표)를 data 폴더에 넣어 두면 실행할
수 있습니다.[6] 실행 결과는 다음과 같습니다.

	A	B	C	D	E	F	G	H	I
1	코드	분류명	S	M	L	LL	XL	합계	
2	10	폴로 셔츠	200	240	150	130	100	820	
3	11	드레스 셔츠	0	0	0	0	0	0	
4	12	캐주얼 셔츠	0	0	100	115	120	335	
5	13	티셔츠	0	0	200	250	200	650	
6	15	가디건	0	0	0	0	0	0	
7	16	스웨터	0	0	0	0	0	0	
8	17	땀받이 셔츠	0	0	0	0	0	0	
9	18	파카	0	0	0	0	0	0	
10									

그림 4-8 aggrgate_orders.py로 작성한 수주 집계표 orders_aggregate.xlsx

그러면 순서대로 코드를 살펴봅시다. 3번에서 변수 categories에 튜플로 분
류2를 선언합니다. 앞에서 본 것처럼 튜플은 리스트와 비슷한 데이터 구조인

6 ordersList.xlsx는 다운로드한 예제 폴더에 포함되어 있습니다.

데 괄호( )로 전체를 감싸는 점과 불변 객체라는 점이 다릅니다. 즉, 리스트와 달리 튜플은 값이 변하지 않으므로 집계 용도로는 사용할 수 없습니다.

따라서 분류 코드와 명칭을 하나의 튜플로, 즉 10번대 분류를 모두 표기하는 튜플의 튜플인 2차원 튜플을 사용합니다. 분류2 코드 설명에서 잠시 다루었지만 (0, "")은 더미 코드로 집계표 1행에 각 항목의 제목을 출력할 공간을 확보하기 위해 넣었습니다.[7]

6번 sizes는 1차원 튜플입니다. 코드나 분류명은 단순한 문자열인데, 튜플로 만든 이유는 수주 집계표의 항목 제목을 반복문으로 쉽게 출력하기 위함입니다.

8번은 3장에서 설명한 리스트 내포로 리스트를 0으로 초기화합니다.

```
order_amount= [[0]*len(sizes) for i in range(len(categories))]
```

코드를 쪼개서 살펴보겠습니다.

```
[0]*len(sizes)
```

튜플 sizes에 있는 요소의 개수(예제에서는 7개)만큼 0을 요소로 갖는 1차원 리스트를 만듭니다.

```
for i in range(len(categories))
```

계속해서 이 1차원 리스트를 categories 개수만큼 반복 작성합니다.

```
[0, 0, 0, 0, 0, 0, 0]
```

---

7 (옮긴이) 더미 코드는 공간 확보용이므로 어떤 값이라도 사용할 수 있지만, 0이나 999처럼 예제 데이터에서 사용하지 않는 코드를 지정하면 오해를 줄일 수 있습니다.

이런 리스트 9개(categories 내부에 존재하는 요소가 9개)가 포함된 2차원 리스트가 만들어집니다.

이것을 엑셀로 표현하면 그림 4-9와 같은 2차원 리스트가 됩니다.

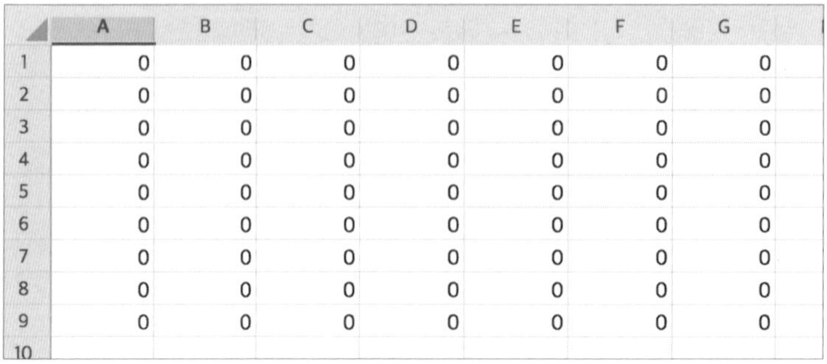

	A	B	C	D	E	F	G	
1	0	0	0	0	0	0	0	
2	0	0	0	0	0	0	0	
3	0	0	0	0	0	0	0	
4	0	0	0	0	0	0	0	
5	0	0	0	0	0	0	0	
6	0	0	0	0	0	0	0	
7	0	0	0	0	0	0	0	
8	0	0	0	0	0	0	0	
9	0	0	0	0	0	0	0	
10								

그림 4-9 8번 코드에서 작성한 데이터 이미지

다음은 9번 코드입니다.

```
for j in range(len(sizes)):
```

order_amount는 2차원 리스트이므로 반복문에서는 order_amount[0][j]로 세로 방향은 첫 번째 행(0번 인덱스)으로 고정하고, 오른쪽 가로 방향(j값)이 증가하는 순서대로 튜플 sizes에서 가져온 항목 제목을 옮겨 씁니다. for j 에서 j는 셀과 튜플의 위치가 어디인지 관리하는 인덱스가 됩니다.

지금까지 처리한 내용을 엑셀로 표현하면 이렇게 됩니다.

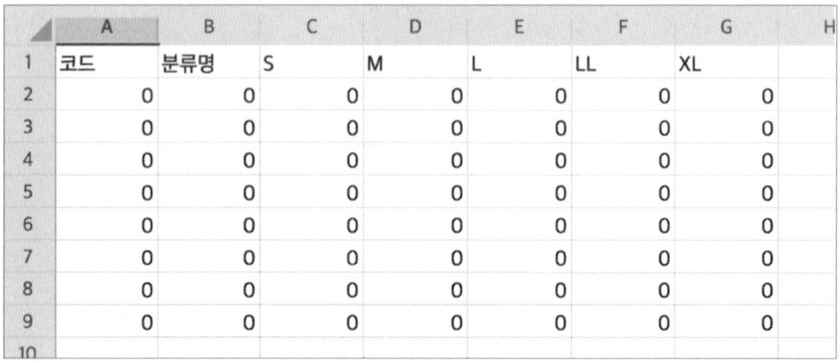

	A	B	C	D	E	F	G	H
1	코드	분류명	S	M	L	LL	XL	
2	0	0	0	0	0	0	0	
3	0	0	0	0	0	0	0	
4	0	0	0	0	0	0	0	
5	0	0	0	0	0	0	0	
6	0	0	0	0	0	0	0	
7	0	0	0	0	0	0	0	
8	0	0	0	0	0	0	0	
9	0	0	0	0	0	0	0	
10								

그림 4-10 10번까지 실행해서 작성한 데이터 이미지

12~14번 코드입니다.

```
12 for i in range(1,len(categories)):
13 ␣␣␣␣order_amount[i][0] = categories[i][0]
14 ␣␣␣␣order_amount[i][1] = categories[i][1]
```

반복문으로 분류 코드와 분류명을 옮겨 씁니다. range() 함수 시작값에 1을 지정한 것은 제목이 들어갈 공간 확보용으로 사용하는 데이터 (0,"")이 튜플 categories의 첫 번째 값으로 들어가 있기 때문입니다. categories[i][0]은 분류 코드, categories[i][1]은 분류명입니다. 여기까지 처리하면 이렇게 됩니다.

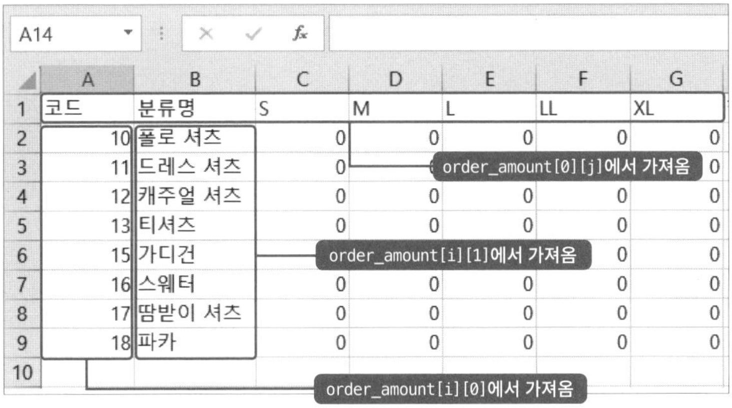

	A	B	C	D	E	F	G
1	코드	분류명	S	M	L	LL	XL
2	10	폴로 셔츠	0	0	0	0	0
3	11	드레스 셔츠	0				0
4	12	캐주얼 셔츠	0	0	0	0	0
5	13	티셔츠	0	0	0	0	0
6	15	가디건				0	0
7	16	스웨터	0	0	0	0	0
8	17	땀받이 셔츠	0	0	0	0	0
9	18	파카	0	0	0	0	0
10							

그림 4-11 14번까지 실행해서 작성한 데이터 이미지

이것으로 집계 준비 작업이 끝났습니다.

이제 ordersList.xlsx에서 수주 목록표를 읽고 리스트로 집계하면 됩니다. 16~26번 코드를 봅시다.

```
16 wb = openpyxl.load_workbook("..\data\ordersList.xlsx")
17 sh = wb.active
```

```
18 for row in range(2, sh.max_row + 1):
19 ⌐category = sh["I" + str(row)].value
20 ⌐size = sh["L" + str(row)].value
21 ⌐amount = sh["M" + str(row)].value
22 ⌐for i in range(1,len(categories)):
23 ⌐ ⌐if category == order_amount[i][0]:
24 ⌐ ⌐ ⌐for j in range(2,len(sizes)):
25 ⌐ ⌐ ⌐ ⌐if size == order_amount[0][j]:
26 ⌐ ⌐ ⌐ ⌐ ⌐order_amount[i][j] += amount
```

18번 for 문에서 range( ) 함수 시작값을 2로 지정하는데, 수주 목록표의 1행
이 이 표의 제목이라 건너뛰기 위해서입니다.[8]

19~21번에서 변수 category에 수주 목록표 I열의 분류 코드를 대입합니다.
계속해서 변수 size에 L열의 사이즈, 변수 amount에 M열의 수량을 각각 대입
해서 2차원 리스트를 만들어 갑니다.

22번부터 for 반복문과 if 문을 사용해서 분류 코드와 일치하는 행을 찾습
니다.

```
23 category == order_amount[i][0]
```

이 분류 코드의 조건(23번)과 일치해 True를 반환한 행에서, 다시 사이즈가
일치하는 열을 찾습니다.

```
25 size == order_amount[0][j]
```

8 (옮긴이) 19~21번의 수주 부록표(sh)에서 사용하는 키는 (0으로 시작하는) 인덱스가 아니라,
"L1"이나 "M2" 같은 엑셀에서 사용하는 셀 위치 표시 방식을 사용해 데이터에 접근합니다. 따라
서 range( ) 함수에 지정하는 숫자(행)는 1부터 시작해야겠죠. 엑셀에는 0행이 없으니까요. 반
면 파이썬의 리스트나 튜플에서 range( ) 함수가 0을 시작값으로 사용하는 이유는 리스트와 튜
플에서 값을 가져오려면 인덱스를 사용하는데 인덱스는 0에서 시작하기 때문입니다.

이 코드의 조건(24~25번)과 일치하면 해당하는 셀에 수량을 누적합니다(26번).

29번 openpyxl.Workbook() 메서드부터는 출력 처리입니다.

```
29 owb = openpyxl.Workbook()
30 osh = owb.active
31 row = 1
32 for order_row in order_amount:
33     col = 1
34     size_sum = 0
```

32번 for order_row in order_amount: 코드로 2차원 리스트 order_amount에서 차례로 행을 추출해서 order_row 변수에 대입합니다.

35번 for order_col in order_row: 코드로 order_row 행에서 차례로 열을 추출하여 order_col 변수에 대입합니다.

```
35     for order_col in order_row:
36         osh.cell(row, col).value = order_col
37         if  row > 1 and col > 2:
38             size_sum += order_col
39         col += 1
40     if row == 1:
41         osh.cell(row, col).value = "합계"
42     else:
43         osh.cell(row, col).value = size_sum
44     row += 1
```

하지만 분류 코드에 따른 합계를 구해야 하므로 row > 1 and col > 2 조건이 성립할 때(행과 열이 항목 제목이 아닐 때) 변수 size_sum에 변수 order_col의 값을 누적합니다(38번). 이런 작업을 왼쪽에서부터 차례대로 셀마다 반복 실행합니다. 더 처리할 열이 없으면 즉, 한 행에 대한 처리가 끝나면 출력할 표 오른쪽 끝에 집계한 합계값(size_sum)을 입력합니다(43번). 이러면 수주 집계표가 모두 만들어졌습니다.

마지막으로 46번 코드를 보겠습니다.

```python
owb.save("..\data\orders_aggregate.xlsx")
```

집계한 데이터를 orders_aggregate.xlsx로 저장하고 프로그램을 종료합니다.

	A	B	C	D	E	F	G	H	I
1	코드	분류명	S	M	L	LL	XL	합계	
2	10	폴로 셔츠	200	240	150	130	100	820	
3	11	드레스 셔츠	0	0	0	0	0	0	
4	12	캐주얼 셔츠	0	0	100	115	120	335	
5	13	티셔츠	0	0	200	250	200	650	
6	15	가디건	0	0	0	0	0	0	
7	16	스웨터	0	0	0	0	0	0	
8	17	땀받이 셔츠	0	0	0	0	0	0	
9	18	파카	0	0	0	0	0	0	
10									

그림 4-12 완성한 orders_aggregate.xlsx

02 | 파이썬 핵심 정리

이번 장에서도 새로운 기법을 배웠습니다. 다시 한번 자료 구조, 2차원 리스트, 엑셀 함수를 삽입하는 방법을 정리해 봅시다.

자료 구조

파이썬 자료 구조를 다시 한번 정리해 봅시다. 예제 프로그램에서는 리스트, 튜플, 사전을 다루었습니다.

리스트와 튜플은 서로 비슷한데 가장 큰 차이점은 변경 가능 여부입니다. 리스트는 요소를 바꿔 쓰거나 추가, 삭제가 가능하지만 튜플은 불가능합니다. 리스트와 튜플은 요소를 다룰 때 요소의 위치를 가리키는 인덱스를 사용합니다.

리스트	튜플
• [ ](브래킷이라고도 함)로 감쌈	• ( )로 감쌈
• 쉼표(,)로 요소를 구분 　data = [1,2,3,4,5]	• 쉼표(,)로 요소를 구분 　data = (1,2,3,4,5)
• 인덱스(번호)로 요소에 접근 　data[2]는 3을 돌려줌	• 인덱스(번호)로 요소에 접근 　data[2]는 3을 돌려줌
• 요소 변경 가능(가변 객체) 　data[2] = 30 　→ data 값은 [1,2,30,4,5]가 됨	• 요소 변경 불가능(불변 객체) 　data[2] = 30 　→ 에러 발생

그림 4-13 리스트와 튜플의 특징

사전은 다른 프로그래밍 언어에서는 연관 배열이나 해시 테이블, 키 밸류 쌍이라고 불리며 키와 값의 쌍으로 데이터를 기억합니다. 키를 지정해서 값에 접근합니다.

　자료 구조를 잘 다루면 다양한 집계 처리가 가능하니 열심히 공부해 두기 바랍니다.

사전(dictionary)
• 키와 값의 조합으로 기억
• { }로 감쌈
• 쉼표(,)로 요소를 구분 　persons = {1001:"강유진",1002:"남필용",1003:"도승완",2001:"박수빈"}
• 키로 요소에 접근 　persons[1002]는 남필용을 돌려줌
• 요소 변경 가능(가변 객체) 　persons[1002] = "양필용" → 1002에 대응하는 값이 남필용에서 양필용으로 바뀜

그림 4-14 사전의 특징

또한 예제 프로그램에서 본 것처럼 리스트 안에 리스트, 튜플 안에 튜플처럼 리스트, 튜플, 사전 자료형은 다차원으로 중첩할 수 있습니다.

```
test = [[90,92,76,86,67],[89,77,56,81,79],[67,86,71,65,57]]
```

이런 2차원 리스트를 도식으로 표현하면 다음과 같습니다.

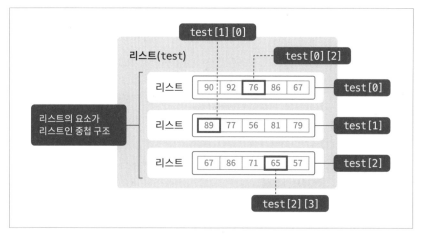

그림 4-15 리스트 안의 리스트와 요소 접근법

이렇게 리스트 각각의 요소에 접근하는 방법을 잘 기억해 두기 바랍니다. 위 그림 4-15의 test 리스트에서 print(test[0][1])을 실행하면 92가 출력됩니다. print(test[1])이라면 [89, 77, 56, 81, 79]가 출력됩니다.

2차원 리스트의 초기화

조금 어려운 내용이 될지도 모르겠습니다만 수주 집계표 프로그램에서 2차원 리스트를 초기화할 때 다음과 같이 리스트 내포로 초기화했습니다.

```
order_amount= [[0]*len(sizes) for i in range(len(categories))]
```

왜 이렇게 어려운 방법을 사용했는지 잘 이해되지 않을 수도 있습니다.
1차원 리스트라면 초기화가 간단합니다.

```
sample = [0,0,0]
```

아니면 이렇게 요소 개수를 지정해도 됩니다.

```
sample = [0]*3
```

아니면 리스트 내포로 초기화해도 만들어지는 리스트는 모두 같습니다.

```
sample = [0 for i in range(3)]
```

하지만 2차원 리스트가 되면 초기화 방법이 좀 달라집니다.

```
sample = [[0,0,0],[0,0,0],[0,0,0]]
```

초기화할 때 이렇게 모든 요솟값을 명확하게 지정하면 문제가 없습니다.

```
sample = [[0]*3]*3
```

하지만 이런 방식으로 초기화하면 생각하지도 못한 문제가 생깁니다.

```
File  Edit  Shell  Debug  Options  Window  Help
>>>
>>> sample = [[0] * 3] * 3
>>> print(sample)
[[0, 0, 0], [0, 0, 0], [0, 0, 0]]
>>> sample[0][1] = 1
>>> print(sample)
[[0, 1, 0], [0, 1, 0], [0, 1, 0]]
>>>
```

그림 4-16 같은 리스트를 참조해서 초기화한 경우

언뜻 보기에는 모두 0으로 잘 초기화된 것처럼 보이지만 sample[0][1]=1이라고 0번 리스트의 1번 요소를 1로 바꾸면 1번, 2번 리스트도 모두 [0,1,0]이 되어 버립니다.

```
[[0]*3]*3
```

이 코드는 [0,0,0]이라는 리스트가 독립적으로 3개 만들어지는 것이 아니라 처음 만든 [0,0,0] 리스트를 다른 두 리스트가 참조하는 형태로 초기화한다는 의미입니다.

참조한다는 말이 이해하기 어려울 수 있는데 프로그램에서 참조란, 같은 메모리의 위치를 공유한다는 뜻입니다. 같은 메모리의 위치를 공유하면 값도 서로 똑같이 공유합니다. 그러므로 sample[0][1]=1이라고 했을 때 [1][1]도 [2][1]도 1이 되는 것입니다.

2차원 리스트를 초기화할 때는 다음과 같이 작성합니다.

```
order_amount= [[0]*len(sizes) for i in range(len(categories))]
```

이렇게 리스트 내포를 사용하면 같은 메모리의 위치를 참조하는 것이 아니라 각각 새로운 메모리 영역을 확보합니다.

참고로 sample = [[0 for i in range(3)] for i in range(3)]처럼 1차원 리스트도 리스트 내포로 작성할 수 있습니다.

엑셀 함수 포함하기

코드 4-2에서 매출 금액 합계를 구하려고 44번에서 엑셀 SUM( ) 함수를 직접 셀에 대입했습니다.

```
44 osh["F" + str(row)].value = "=SUM(F2:F" + str(row-1) + ")"
```

이렇듯 파이썬에서도 엑셀에 존재하는 다양한 함수를 사용할 수 있지만, 코드 4-3처럼 변수 size_sum으로 분류별 합계를 파이썬에서 직접 계산하는 것이 빠르고 편한 경우도 있습니다. 차이라면 실행할 때 엑셀에서 계산할지 아니면 파이썬 프로그램에서 다룰지의 차이입니다. 어느 쪽이 더 좋은지는 프로그램 출력 결과를 어떻게 이용하는지에 달려 있습니다.

작성한 엑셀 집계표를 나중에 직접 수정해야 한다면 엑셀 함수를 이용하는 편이 다시 계산할 때 훨씬 간단합니다. 그러나 실행 결과를 그대로 이용한다면 파이썬에서 모든 계산을 끝내는 것이 자동화하기 편합니다.

∙ ∙ ∙ ∙ ∙ ∙ ∙ ∙ ∙ ∙ ∙ ∙ ∙ ∙ ∙ ∙ ∙ ∙ ∙ ∙

은미 파이썬 집계 프로그램 만들어 줘서 고마워. 한번에 집계가 끝나니까 엄청 편리해!

유비 잘 쓰고 있다니 고생한 보람이 있네.

은미 그런데 말이야. 월간 작업은 이걸로 해결했지만, 조건을 바꿔서 집계하려면 어떻게 하면 좋지? 조 과장님이 변덕이 심해서 말이지.

유비 어허, 말조심해야지. 항목을 바꿔서 데이터를 분석하고 싶다는 거지? 지금은 어떻게 집계하고 있어?

은미 피벗 테이블이라고 있잖아? 그걸로 담당자나 거래처로 행을 지정하고 열에는 달이나 상품 분류, 사이즈를 지정해서 집계하는데, 꽤 번거로워. 계속 바꾸다 보면 귀찮기도 하고…… 이런 것도 파이썬으로 할 수 있는 거야?

유비 귀찮다는 말이 입에 붙어 있군. 있어, Pandas라고.

은미 우와! 귀여운 이름이네!

유비 그렇지? 판다스 라이브러리를 쓰면 피벗 테이블도 만들 수 있어. 한번 볼래?

엑셀에서 집계라면 피벗 테이블이 빠질 수 없습니다. 잘 모르는 분을 위해 간단히 설명하자면 피벗 테이블은 데이터베이스에서 특정 필드(항목)를 행과 열에 배치해서 값을 집계하는 기능입니다. 피벗 테이블은 만든 후에도 행과 열을 지정하는 필드나 집계 방법을 간단히 변경할 수 있어서 여러 각도에서 자료를 분석할 수 있는 엑셀의 우수한 기능입니다.

데이터베이스라고 해도 엑셀에서 사용하는 데이터베이스는 그렇게 어렵지 않습니다. 수주 목록표(ordersList.xlsx)처럼 첫 행이 필드명이고 2차원 데이터가 올바르게 나열되어 있다면 엑셀에서 데이터베이스처럼 사용할 수 있습니다.

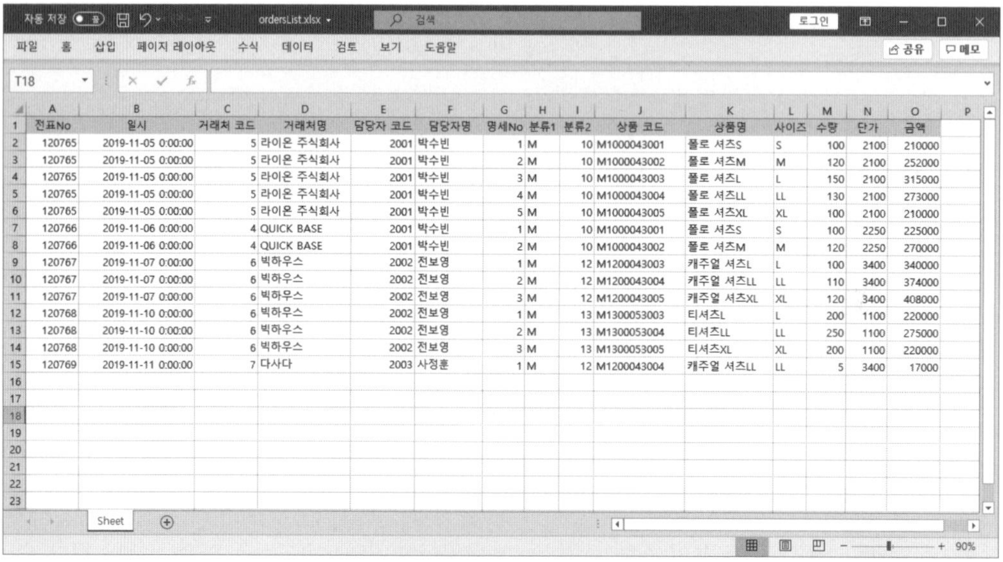

전표No	일시	거래처 코드	거래처명	담당자 코드	담당자명	명세No	분류1	분류2	상품 코드	상품명	사이즈	수량	단가	금액
120765	2019-11-05 0:00:00	5	라이온 주식회사	2001	박수빈	1	M	10	M1000043001	폴로 셔츠S	S	100	2100	210000
120765	2019-11-05 0:00:00	5	라이온 주식회사	2001	박수빈	2	M	10	M1000043002	폴로 셔츠M	M	120	2100	252000
120765	2019-11-05 0:00:00	5	라이온 주식회사	2001	박수빈	3	M	10	M1000043003	폴로 셔츠L	L	150	2100	315000
120765	2019-11-05 0:00:00	5	라이온 주식회사	2001	박수빈	4	M	10	M1000043004	폴로 셔츠LL	LL	130	2100	273000
120765	2019-11-05 0:00:00	5	라이온 주식회사	2001	박수빈	5	M	10	M1000043005	폴로 셔츠XL	XL	100	2100	210000
120766	2019-11-06 0:00:00	4	QUICK BASE	2001	박수빈	1	M	10	M1000043001	폴로 셔츠S	S	100	2250	225000
120766	2019-11-06 0:00:00	4	QUICK BASE	2001	박수빈	2	M	10	M1000043002	폴로 셔츠M	M	120	2250	270000
120767	2019-11-07 0:00:00	6	빅하우스	2002	전보영	1	M	12	M1200043003	캐주얼 셔츠L	L	100	3400	340000
120767	2019-11-07 0:00:00	6	빅하우스	2002	전보영	2	M	12	M1200043004	캐주얼 셔츠LL	LL	110	3400	374000
120767	2019-11-07 0:00:00	6	빅하우스	2002	전보영	3	M	12	M1200043005	캐주얼 셔츠XL	XL	120	3400	408000
120768	2019-11-10 0:00:00	6	빅하우스	2002	전보영	1	M	13	M1300053003	티셔츠L	L	200	1100	220000
120768	2019-11-10 0:00:00	6	빅하우스	2002	전보영	2	M	13	M1300053004	티셔츠LL	LL	250	1100	275000
120768	2019-11-10 0:00:00	6	빅하우스	2002	전보영	3	M	13	M1300053005	티셔츠XL	XL	200	1100	220000
120769	2019-11-11 0:00:00	7	다사다	2003	사정훈	1	M	12	M1200043004	캐주얼 셔츠LL	LL	5	3400	17000

그림 4-17 엑셀 데이터베이스 예시(ordersList.xlsx)

엑셀에서 피벗 테이블을 작성하려면 [삽입] 메뉴에서 피벗 테이블 아이콘을 클릭합니다. 그러면 [피벗 테이블 만들기] 대화창이 열립니다.

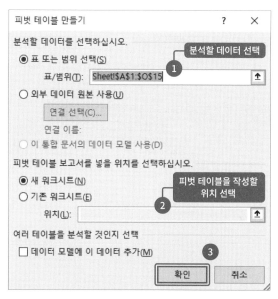

그림 4-18 [피벗 테이블 만들기] 대화창

제일 먼저 분석할 데이터가 될 테이블 또는 셀 범위를 선택해서 데이터베이스를 지정합니다. 피벗 테이블을 삽입하기 전에 커서가 어떤 테이블이나 셀을 선택한 상태라면 자동으로 필드명을 포함한 부분이 전부 선택됩니다. 데이터베이스에서 말하는 테이블은 세로줄과 가로줄로 데이터를 정렬해서 관리하는 데이터 모음을 말하는데, 엑셀에서 사용하는 표와 유사한 의미입니다. 일반적으로 데이터베이스는 여러 테이블(표)로 구성되는데, 여기서는 필드명(항목명)이 있는 수주 목록표가 데이터베이스이면서 테이블이 됩니다. 그리고 피벗 테이블 작성 위치도 선택 가능한데, 여기서는 기본값인 '새 워크시트'를 그대로 사용합니다.

마지막으로 〈확인〉 버튼을 클릭하면 새 워크시트에 피벗 테이블이 만들어집니다. 원본 데이터 필드를 행과 열에 할당해서 다양하게 분석할 수 있습니다.

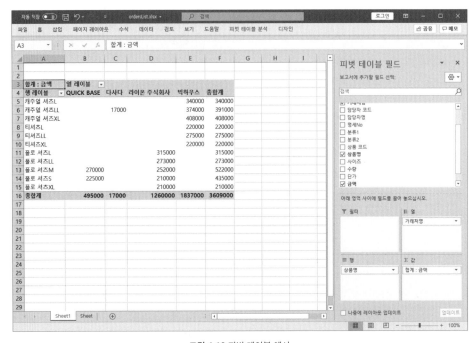

그림 4-19 피벗 테이블 예시

이 예제에서는 알기 쉽게 행에 상품명, 열에 거래처명, 값을 합계:금액으로 지정했습니다. 행, 열, 값 지정은 오른쪽에 나타나는 [피벗 테이블 필드] 창에서 체크 박스를 선택하거나 필드 항목을 드래그해서 간단히 변경할 수 있습니다. 값 필드 계산은 합계 외에도 평균이나 최댓값, 표준 편차 등으로 구할 수 있습니다. 방대한 데이터도 간단한 조작만으로 분석할 수 있다는 것이 엑셀 피벗 테이블의 우수한 기능입니다.

이와 같은 분석을 pandas 라이브러리를 사용하면 파이썬에서도 사용할 수 있습니다. openpyxl을 설치했을 때처럼 비주얼 스튜디오 코드의 터미널에서 pip 명령어를 실행해서 pandas를 설치합니다.

```
pip install pandas
```

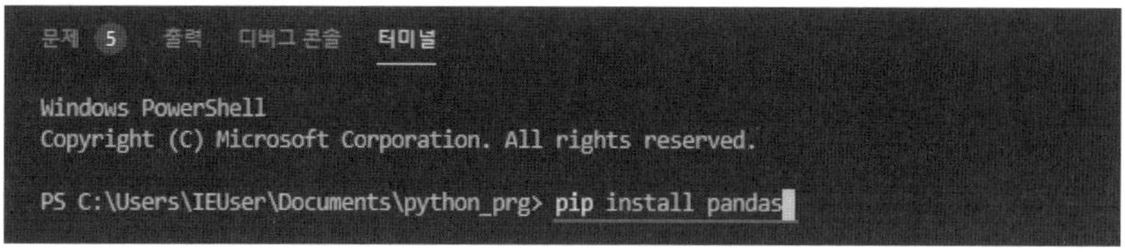

그림 4-20 pip 명령어를 터미널에서 실행해 pandas 설치

pandas는 CSV 파일을 DataFrame(데이터 프레임)으로 사용하므로 ordersList.xlsx를 엑셀에서 CSV 파일로 다시 저장합니다.[9]

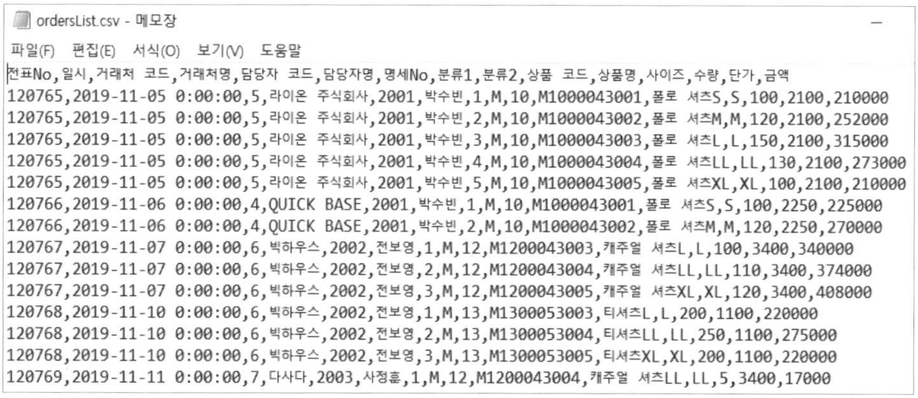

ordersList.csv - 메모장

파일(F) 편집(E) 서식(O) 보기(V) 도움말

```
전표No,일시,거래처 코드,거래처명,담당자 코드,담당자명,명세No,분류1,분류2,상품 코드,상품명,사이즈,수량,단가,금액
120765,2019-11-05 0:00:00,5,라이온 주식회사,2001,박수빈,1,M,10,M1000043001,폴로 셔츠S,S,100,2100,210000
120765,2019-11-05 0:00:00,5,라이온 주식회사,2001,박수빈,2,M,10,M1000043002,폴로 셔츠M,M,120,2100,252000
120765,2019-11-05 0:00:00,5,라이온 주식회사,2001,박수빈,3,M,10,M1000043003,폴로 셔츠L,L,150,2100,315000
120765,2019-11-05 0:00:00,5,라이온 주식회사,2001,박수빈,4,M,10,M1000043004,폴로 셔츠LL,LL,130,2100,273000
120765,2019-11-05 0:00:00,5,라이온 주식회사,2001,박수빈,5,M,10,M1000043005,폴로 셔츠XL,XL,100,2100,210000
120766,2019-11-06 0:00:00,4,QUICK BASE,2001,박수빈,1,M,10,M1000043001,폴로 셔츠S,S,100,2250,225000
120766,2019-11-06 0:00:00,4,QUICK BASE,2001,박수빈,2,M,10,M1000043002,폴로 셔츠M,M,120,2250,270000
120767,2019-11-07 0:00:00,6,빅하우스,2002,전보영,1,M,12,M1200043003,캐주얼 셔츠L,L,100,3400,340000
120767,2019-11-07 0:00:00,6,빅하우스,2002,전보영,2,M,12,M1200043004,캐주얼 셔츠LL,LL,110,3400,374000
120767,2019-11-07 0:00:00,6,빅하우스,2002,전보영,3,M,12,M1200043005,캐주얼 셔츠XL,XL,120,3400,408000
120768,2019-11-10 0:00:00,6,빅하우스,2002,전보영,1,M,13,M1300053003,티셔츠L,L,200,1100,220000
120768,2019-11-10 0:00:00,6,빅하우스,2002,전보영,2,M,13,M1300053004,티셔츠LL,LL,250,1100,275000
120768,2019-11-10 0:00:00,6,빅하우스,2002,전보영,3,M,13,M1300053005,티셔츠XL,XL,200,1100,220000
120769,2019-11-11 0:00:00,7,다사다,2003,사정훈,1,M,12,M1200043004,캐주얼 셔츠LL,LL,5,3400,17000
```

그림 4-21 ordersList.xlsx를 CSV 형식으로 출력한 데이터

이렇게 필드명을 포함한 CSV 파일을 출력합니다. 이 파일을 이용해서 피벗 테이블처럼 분석해 봅시다.

9 엑셀 파일을 CSV 파일로 저장하려면 먼저 [파일] 메뉴에서 [다른 이름으로 저장]을 클릭합니다. 계속해서 저장할 공간을 선택한 후, [다른 이름으로 저장] 창 하단에 있는 파일 형식에서 'CSV(쉼표로 분리)'를 선택하면 됩니다.

우선 어떤 식으로 출력되는지 실행 결과 화면을 보기 바랍니다.

거래처명 상품명	QUICK BASE	다사다	라이온 주식회사		빅하우스	All
캐주얼 셔츠L	0	0		0	340000.000000	340000.000000
캐주얼 셔츠LL	0	17000		0	374000.000000	195500.000000
캐주얼 셔츠XL	0	0		0	408000.000000	408000.000000
티셔츠L	0	0		0	220000.000000	220000.000000
티셔츠LL	0	0		0	275000.000000	275000.000000
티셔츠XL	0	0		0	220000.000000	220000.000000
폴로 셔츠L	0	0	315000		0.000000	315000.000000
폴로 셔츠LL	0	0	273000		0.000000	273000.000000
폴로 셔츠M	270000	0	252000		0.000000	261000.000000
폴로 셔츠S	225000	0	210000		0.000000	217500.000000
폴로 셔츠XL	0	0	210000		0.000000	210000.000000
All	247500	17000	252000	306166.666667	257785.714286

그림 4-22 파이썬을 사용한 피벗 테이블 작성 예시

이제 실행 결과와 프로그램을 함께 살펴볼 텐데 실제로는 3줄로 끝나는 코드 입니다.

코드 4-4 use_pivot.py

```
1  import pandas as pd
2
3  df = pd.read_csv("..\data\ordersList.csv",encoding="utf-8",
   header = 0)
4  print(df.pivot_table(index="상품명",columns="거래처명",
   values="금액", \
5  ____.fill_value=0, margins=True ))
```

1번에서 pandas를 불러오고 as로 pd라는 별명을 붙입니다. 3번 pd.read_csv () 메서드로 CSV 파일을 읽고 변수 df에 할당합니다.

read_csv() 메서드의 인수를 잠시 설명하자면 첫 인수는 분석할 데이터베 이스 파일입니다. 다음 인수는 텍스트 인코딩 방식입니다.

윈도우에서 엑셀 파일을 CSV로 저장할 때 인코딩 방식으로 UTF-8을 선택합니다. 따라서 프로그램에서는 인수로 encoding="utf-8"을 지정합니다. 다음 인수 header = 0은 첫 번째 행이 필드명(헤더)이라는 뜻입니다.

CSV 파일을 모두 읽었으면 4번에서 피벗 테이블을 만들어서 print() 함수로 출력합니다. pivot_table() 메서드로 피벗 테이블을 만들 수 있습니다. 인수 index에는 행이 될 필드, columns에는 열이 될 필드, values에는 집계할 대상이 되는 필드를 지정합니다. fill_value에는 집계할 값이 없을 때 빈칸을 채울 값을 지정합니다. 여기에서는 0을 지정했는데 값을 지정하지 않으면 NaN(Not a Number)이 표시됩니다.

margins=True를 지정하면 가로 방향, 세로 방향 집계(subtotal)도 계산해 줍니다. 이것은 그림 4-22에서 All이라고 표시된 부분입니다(1행 오른쪽 마지막 열, 마지막 행 왼쪽 첫 열). 또한 예시에서는 단순히 기본값(평균)을 사용하므로 별도로 지정하지 않았지만 인수 aggfunc으로 집계에 사용할 함수를 지정할 수 있습니다. 이러면 평균뿐만 아니라 합계나 표준 편차 등을 계

산하거나 자신이 직접 만든 함수를 지정해서 계산할 수 있습니다.[10]

pandas 라이브러리를 사용하면 엑셀 피벗 테이블과 같은 분석이 가능하며, 조합이나 설정 방법도 비슷하다는 것을 알 수 있습니다. 흥미가 생기신 분은 다음 사이트를 참고해서 다양하게 활용해 보기 바랍니다.

https://pandas.pydata.org/pandas-docs/stable/index.html

---

10 (옮긴이) 다운로드한 예제 폴더에서 인수 aggfunc로 합계를 구하는 소스 파일을 참고하세요.

5장

서식 설정과 인쇄

유비, 조 과장에게 또 혼나다

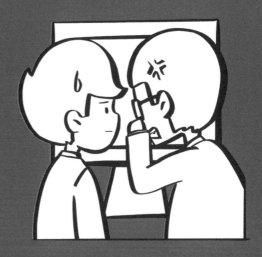

조 과장한테 반강제로 일을 맡아서 집계표를 만든 유비가 또 혼나고 있습니다. 서식이 어떻게 되었나 봅니다.

조 과장 서식을 써서 보기 좋게 인쇄해 가져와야지 이게 뭐야? 다 되었다고 메일로 파일만 딱 보내더니 이렇게 글자가 작아서야 원! 뭐가 보여야 쓰든가 말든가 하지!

총무부에서 조 과장의 성난 목소리가 들려옵니다.

유비 PC나 태블릿으로 볼 건데, 확대해서 보면 되지 않습니까?

말대꾸하는 유비를 보고 조 과장은 화가 머리끝까지 난 모양입니다.

조 과장 얼씨구! 유비 씨는 그런 생각으로 여기서 일하고 있었던 거야? 영업부에 돌아와서 처음부터 다시 배워야겠구먼. 이 집계표, 누가 보는 줄 알아? 임원진이라고, 임원진. 중요한 부분은 폰트도 크게 하고, 색도 넣어서 한눈에 보기 좋게 만들어야 한단 말이다.

유비 그런가요? 알겠습니다. 말씀하신 대로 고치면 되죠? 하지만 숫자는 맞지 않습니까?

조 과장 유비 씨는 아직도 이해 못했네?

조 과장의 뜨거운 연설이 이어집니다.

조 과장 중요한 건 늘 시간에 쫓기는 사람들도 한눈에 파악할 수 있게 자료를 얼마나 노력해 만들었냐 하는 것이라고!

유비는 아픈 곳을 찔렸는지 입을 다물었습니다.

• •

4장에서 사전과 리스트로 집계표를 만든 유비지만 결과물을 볼 사람이 누군지, 인쇄하면 어떻게 보일지 그것까지는 미처 생각하지 못한 모양입니다. 그래도 막무가내 조 과장에게 혼나는 것은 조금 불쌍하네요. 하지만 보기 좋은 표가 이해도 빠르고 오해도 줄일 수 있다는 것은 분명한 사실입니다. 이 장에서는 그런 보기 좋은 표를 만드는 서식 설정을, 파이썬으로는 어떻게 만드는지 공부해 봅시다.

01 | 집계표에 서식 설정하는 예제 프로그램

4장에서 수주 목록표를 상품 분류 및 사이즈로 교차 집계해서 만든 수주 집계표를 보기 좋게 꾸미는 프로그램을 만들어 봅시다. 우선 조 과장이 말한 '노력'이 전혀 안 들어간 표는 어떻게 표시되는지 봅시다.[1]

	A	B	C	D	E	F	G	H	
1	코드	분류명	S	M	L	LL	XL	합계	
2	10	폴로 셔츠	2000	2400	1500	1300	1000	8200	
3	11	드레스 셔	0	0	0	0	0	0	
4	12	캐주얼 셔	0	0	1000	1150	1200	3350	
5	13	티셔츠	0	0	2000	2500	2000	6500	
6	15	가디건	0	0	0	0	0	0	
7	16	스웨터	0	0	0	0	0	0	
8	17	땀받이 셔	0	0	0	0	0	0	
9	18	파카	0	0	0	0	0	0	
10									

그림 5-1 서식 설정이 없는 수주 집계표

파이썬으로 이 수주 집계표에 테두리를 치거나 셀 크기를 조절하는 등 보기 좋게 만들어 봅시다. 완성 이미지는 다음 그림과 같습니다.

---

[1] 천 단위 표시를 확인할 수 있게 4장에서 작성한 수주 집계표의 수치를 10배 늘렸습니다. 따라서 여러분은 수치가 있는 각 셀의 값에 10을 곱해 변경한 다음, orders_aggregate.xlsx 파일을 다시 저장하도록 합시다.

▲	A	B	C	D	E	F	G	H
1	코 드	분 류 명	S	M	L	LL	XL	합 계
2	10	폴로 셔츠	2,000	2,400	1,500	1,300	1,000	**8,200**
3	11	드레스 셔츠	0	0	0	0	0	**0**
4	12	캐주얼 셔츠	0	0	1,000	1,150	1,200	**3,350**
5	13	티셔츠	0	0	2,000	2,500	2,000	**6,500**
6	15	가디건	0	0	0	0	0	**0**
7	16	스웨터	0	0	0	0	0	**0**
8	17	땀받이 셔츠	0	0	0	0	0	**0**
9	18	파카	0	0	0	0	0	**0**
10								

그림 5-2 서식 설정을 한 수주 집계표

엑셀 파일을 직접 수정해서 고칠 수도 있지만 이런 정형화된 형태는 한번 만들어 두면 계속 반복해서 쓸 수 있으니 파이썬 프로그램으로 자동화하는 것이 훨씬 이득입니다. 행이나 열 개수가 늘어나도 자동으로 범위를 확대할 수 있어 서식을 복사하는 것보다 훨씬 간편합니다.

그러면 프로그램을 살펴봅시다.

코드 5-1 format_sheet.py

```
 1  import openpyxl
 2  from openpyxl.styles import Alignment, PatternFill, Font,
    Border, Side
 3
 4  #상수
 5  TITLE_CELL_COLOR = "AA8866"
 6
 7  wb = openpyxl.load_workbook("..\data\orders_aggregate.xlsx")
 8  sh = wb.active
 9
10  sh.freeze_panes = "C2"
11  #열 크기 지정
12  col_widths = {"A":8, "B":15, "C":10, "D":10, \
13  ___ "E":10, "F":10, "G":10, "H":10}
```

```
14 for col_name in col_widths:
15 ⌐_sh.column_dimensions[col_name].width = col_widths[col_name]
16
17 for i in range(2, sh.max_row+1):
18 ⌐_sh.row_dimensions[i].height = 18
19 ⌐_for j in range(3, sh.max_column+1):
20 ⌐__⌐_#자릿수 표시
21 ⌐__⌐_sh.cell(row=i,column=j).number_format = "#,##0"
22 ⌐__⌐_if j == 8:
23 ⌐__⌐__⌐_sh.cell(row=i,column=j).font = Font(bold=True)
24
25 #폰트 지정
26 font_header = Font(name="맑은 고딕",size=12,bold=True,
   color="FFFFFF")
27
28 for rows in sh["A1":"H1"]:
29 ⌐_for cell in rows:
30 ⌐__⌐_cell.fill = PatternFill(patternType="solid",
        fgColor=TITLE_CELL_COLOR)
31 ⌐__⌐_cell.alignment = Alignment(horizontal="distributed")
32 ⌐__⌐_cell.font = font_header
33
34 side = Side(style="thin", color="000000")
35 border = Border(left=side, right=side, top=side, bottom=side)
36 for row in sh:
37 ⌐_for cell in row:
38 ⌐__⌐_cell.border = border
39 ⌐__⌐_
40 wb.save("..\data\orders_aggregate_ed.xlsx")
```

이번에는 openpyxl뿐만 아니라 openpyxl.styles에서 Alignment, Pattern
Fill, Font, Border, Side라는 셀 서식 설정에 필요한 모듈들을 불러왔습니다.

5번 TITLE_CELL_COLOR에 제목 셀의 배경색으로 사용할 색상을 RGB 코드로 AA8866이라고 설정합니다. 엑셀에서 사용하는 색상 코드는 0~255까지 10진수 숫자지만 파이썬에서는 16진수로 표시해야 합니다. 이 숫자는 임의로 설정할 수 있으므로 자신이 원하는 색상으로 얼마든지 변경할 수 있습니다.

7번에서 orders_aggregate.xlsx를 열어서 수주 집계표에 존재하는 하나뿐인 워크시트를 선택합니다.

10번부터 워크시트의 세부 설정을 시작합니다.

```
sh.freeze_panes = "C2"
```

10번은 워크시트를 스크롤해도 1행과 A, B열은 사라지지 않고 늘 고정된 위치에 표시하도록 지정하는 코드입니다(스크롤해도 되는 셀은 C2에서 시작한다고 생각하면 됩니다). 이것은 엑셀의 틀 고정 기능을 파이썬으로 구현하는 방법입니다. 예제 파일은 데이터가 적어서 별로 실감이 나지 않겠지만 freeze_panes 프로퍼티로 고정하면 워크시트를 스크롤해도 제목이나 분류명 등이 항상 표시됩니다.

12번은 각각 열 너비를 관리하는 col_widths라는 사전을 선언하는 코드입니다. 열 이름이 키가 되고 열 너비가 값이 됩니다.

워크시트에는 열 너비를 관리하는 column_dimensions라는 사전 형식의 프로퍼티가 있습니다. 이때 키는 열 이름입니다. 14~15번은 for 반복문으로 col_widths에서 차례로 키(열 이름)를 추출해서 sh.column_dimensions[col_name].width에 col_widths[col_name]로 불러온 열 너빗값을 대입합니다.

14번 코드를 보겠습니다.

```
for col_name in col_widths:
```

4장 힌트에서 살펴본 것처럼 위 코드를 사전의 키 값을 돌려주는 keys() 메서드를 써서 다음과 같이 바꿀 수 있습니다. 두 가지 방식은 모두 같은 의미로, 키를 반복해서 추출합니다.

```
 for col_name in col_widths.keys():
```

그리고 values() 메서드를 사용할 수도 있는데, col_widths.values()처럼 하면 사전에서 값을 순서대로 추출할 수 있습니다.

17번부터 시작하는 for 반복문은 2행에서 값이 존재하는 마지막 행까지 row_dimensions의 height 프로퍼티에 18을 설정합니다. 이것으로 행 높이가 정해집니다.

19번부터는 반복문을 이용해 셀 서식을 설정합니다.

```
19      for j in range(3, sh.max_column+1):
20          #자릿수 표시
21          sh.cell(row=i,column=j).number_format = "#,##0"
22          if j == 8:
23              sh.cell(row=i,column=j).font = Font(bold=True)
```

19번 for j로 시작하는 반복문은 열 방향으로 셀마다 숫자 서식을 설정합니다. 21번에서는 숫자가 입력될 셀 범위에서 number_format 프로퍼티에 "#,##0"을 설정합니다. 이렇게 설정한 셀은 숫자를 표시할 때 천 단위마다 쉼표를 넣습니다.

22번 if 문은 j가 8일 때 23번 처리를 실행합니다. j가 8이라는 것은 합계 정보를 가진 열이라는 뜻입니다. 따라서 다른 셀과 구분하기 위해서 font 프로퍼티에 bold=True라고 지정해 글자를 굵게 표시합니다.

여기에서는 Font 클래스 객체를 직접 지정했지만, 항목이 많을 경우에는 항목마다 서식을 설정하는 것은 번거로운 일입니다. 그럴 때는 26번처럼 Font 클래스 객체 변수를 따로 만들어서 셀에 적용하는 방법도 있습니다.

```
26 font_header = Font(name="맑은 고딕",size=12,bold=True,
      color="FFFFFF")
```

font_header라는 변수에 제목 셀에 지정할 Font 객체를 할당하고 다양한 문자 서식을 설정합니다. 이 Font 객체의 인수인 name(폰트명)에는 **맑은 고딕**, size(폰트 크기)는 12, bold(글자 굵게)는 True, color(글자색)는 FFFFFF로 배경색과 대비되는 흰색 글자를 각각 지정합니다.

28~32번에서 변수 font_header로 지정한 내용을 셀에 적용합니다.

```
28 for rows in sh["A1":"H1"]:
29 ____for cell in rows:
30 ____ ____cell.fill = PatternFill(patternType="solid",
         fgColor=TITLE_CELL_COLOR)
31 ____ ____cell.alignment = Alignment(horizontal="distributed")
32 ____ ____cell.font = font_header
```

28번에서 셀 범위 지정에 주목하기 바랍니다.

```
for rows in sh["A1":"H1"]:
```

sh["A1":"H1"]은 간편한 셀 범위 지정 방법으로, A1부터 H1까지를 셀 범위로 지정합니다. 지금은 한 행뿐이지만 셀 범위 지정으로 여러 행을 한꺼번에 지정하는 방법을 나중에 다시 설명합니다. 행을 이렇게 범위 지정한 다음, for 반복문으로 다시 각각의 셀에 30~32번처럼 서식을 설정합니다.

배경색(fill) 지정은 30번, 텍스트 정렬 방법(alignment)은 31번에서 지정하고, 32번에서는 앞에서 선언한 변수 font_header를 사용합니다.

31번 Alignment(horizontal="distributed")는 텍스트를 셀의 가로 방향으로 균등하게 분할해 배치한다는 뜻입니다.

셀에 테두리를 치려면 Side 객체를 이용해 선 스타일과 색을 지정해야 합니다.

```
34 side = Side(style="thin", color="000000")
35 border = Border(left=side, right=side, top=side, bottom=side)
36 for row in sh:
37     for cell in row:
38         cell.border = border
```

34번에서 Side 객체의 인수 style에 thin(얇은 선), color에 RGB 값으로 000000(검은색)을 지정하고 변수 side에 이 객체를 할당합니다. 35번 Border 객체의 인수 left(좌측), right(우측), top(상단), bottom(하단)에는 앞에서 서식 지정한 변수 side의 값을 대입하고, 변수 border에 할당합니다.

36번 for 반복문은 데이터가 존재하는 셀의 border 프로퍼티에 앞에서 서식 지정한 변수 border를 대입합니다. 이러면 값이 들어 있는 셀에 테두리를 설정할 수 있습니다.

마지막으로 40번 wb.save() 메서드로 서식 설정이 완료된 엑셀 파일을 저장합니다.

이것으로 보기 좋은 표가 완성되었습니다. 지금까지 다룬 기법을 좀 더 자세히 설명해 보겠습니다.

02 | 파이썬 핵심 정리

openpyxl을 사용하면 다양하게 서식을 설정할 수 있습니다. 다만 서식 설정 항목과 방법은 다양하기 때문에 소개하는 예제 프로그램만 가지고 모두 설명하는 것은 불가능합니다. 따라서 보기 좋은 표를 만들 때 필요한 서식 설정의 기본 방법만을 정리해 보겠습니다.

또한 집계나 서식 설정 방법을 배우면서 필요한 라이브러리가 늘어나 새로운 import 문이 추가되었는데, 이것에 대해서도 새롭게 공부해 보겠습니다.

import 문법 구조

2장에서 설명한 import 문은 단순한 구조로 다음과 같습니다.

```
import 모듈명(패키지명)
```

3장에서는 import csv라고 csv 모듈(csv.py)을 불러왔습니다. 모듈은 단독 파일이고, 여러 모듈을 합쳐 관리하는 것이 패키지라고 설명했습니다.

그런데 패키지를 불러올 때도 문법 구조는 동일합니다. import openpyxl 코드는 openpyxl 패키지를 불러옵니다.

4장에서는 import pandas as pd라고 pandas 라이브러리를 불러와서 pd라는 별명을 붙여 주었습니다. 이런 별명을 붙이는 문법 구조는 다음과 같습니다.

```
import 모듈명(패키지명) as 별명
```

별명을 붙이면 긴 패키지명이나 모듈명을 짧게 줄여 쓸 수 있고, 다른 이름과 중복되는 것도 피할 수 있습니다.

그리고 이번 장에서는 다음과 같은 새로운 문법 구조를 배웠습니다.

```
from 모듈명(패키지명) import 클래스명(함수명)
```

이렇게 하면 모듈이나 패키지에서 특정 클래스나 함수를 사용한다고 선언할 수 있습니다.

```
from openpyxl.styles import Alignment, PatternFill, Font, Border,
Side
```

이렇게 하면 Alignment나 PatternFill 같은 클래스를 가져옵니다. openpyxl 은 수많은 기능이 들어 있는 커다란 라이브러리라서 내부에 다종다양한 패키지가 존재합니다. openpyxl에 들어 있는 styles도 패키지이므로 from openpyxl.styles라는 구문으로 접근하게 됩니다.

또한 특정 모듈을 불러올 때는 다음과 같이 특정 패키지에서 하나의 모듈만 가져올 수 있습니다.

```
import 패키지명.모듈명
```

예제 프로그램에서는 Alignment, PatternFill, Font, Border, Side 클래스를 가져오는데 사실은 import openpyxl 구문 덕분에 이렇게 따로따로 가져오지 않아도 해당 클래스를 사용할 수 있습니다.

그렇다면 왜 이렇게 별도로 가져왔을까요? 그건 다음 예시를 보면서 설명하겠습니다.

openpyxl만 불러왔을 때 셀 배경색을 설정하는 코드는 다음과 같습니다.

```
openpyxl.styles.PatternFill(patternType="solid",
fgColor=TITLE_CELL_COLOR)
```

이번에는 사용할 클래스를 미리 가져왔을 때의 코드를 봅시다.

```
PatternFill(patternType="solid", fgColor=TITLE_CELL_COLOR)
```

openpyxl.styles. 코드를 생략할 수 있어 코드가 훨씬 깔끔해집니다. 이렇듯

여러 번 사용하는 클래스가 있다면 코드가 간결해지도록 별도로 선언해 두는 것이 좋은 방법입니다.[2]

행과 열 숨기기

format_sheet.py 예제 프로그램은 집계에만 사용하는 열(H열)도 표시하는데 분류명만 있어도 충분하다면 column_dimensions의 hidden 프로퍼티를 True로 지정해서 불필요한 열을 숨길 수 있습니다.

예를 들어 A열을 숨기고 싶을 때는 이런 코드를 추가합니다.

```
sh.column_dimensions['A'].hidden=True
```

숨긴 열을 다시 표시하려면 hidden=False라고 다시 지정하면 됩니다.

행을 숨기고 싶을 때는 이렇게 row_dimensions에 행 번호를 지정합니다.

```
sh.row_dimensions[1].hidden=True
```

예시는 1행을 숨기는 코드입니다.

셀 서식 설정 방법 정리

다양한 셀 서식 설정이 있지만 업무에서 자주 쓰는 것을 코드로 표현하는 방법을 설명하겠습니다.

---

2 (옮긴이) 프로그램에서 여러 패키지를 사용하다 보면 가져오고 싶은 클래스명이 겹치는 경우도 있습니다. 예를 들어 A 패키지와 B 패키지에 C라는 동일한 이름의 클래스가 있는 경우입니다. 그럴 때는 별명을 사용합니다.

```
from A import C
from B import C as C1
```

A 패키지의 C 클래스를 사용하려면 C, B 패키지의 C 클래스를 사용하려면 C1 이런 식으로 구분하면 됩니다. 그리고 여러 클래스에 별명을 붙이려면 이런 식으로도 작성할 수 있습니다.

```
from datetime import date as d, time as t
```

숫자 서식 설정

우선 숫자 표시 형식입니다. 예제 프로그램에서 cell의 number_format 프로퍼티에 "#,##0"을 지정해서 천 단위마다 쉼표로 자릿수를 표시했습니다. #과 0의 의미를 잘 모르는 분도 계실 텐데, 0은 해당 자릿수에 값이 없으면 0으로 채우겠다는 의미입니다. 만약 서식이 "000"이고 값이 30이면 030으로 표시됩니다. 그렇지만 보통은 앞자리를 0으로 채울 필요가 없으므로 "##0"이라는 서식을 사용하면 앞자리에 필요 없는 0을 제거할 수 있습니다. 이렇게 0을 제거하는 것을 제로 서프레션(zero suppress, zero suppression)이라고 부릅니다.

소수점 이하 자리를 표시하고 싶을 때는 "#,##0.00"처럼 소수점 이하 자릿수에 0을 지정합니다.

폰트 설정

예제 프로그램에서 본 것처럼 Font 클래스 객체를 작성해서 다양한 폰트를 설정할 수 있습니다. 대표적인 프로퍼티를 표로 정리해 보았습니다.

프로퍼티	내용
name	폰트명
size	문자 크기
bold	True로 굵게 표시
italic	True로 이탤릭
underline	True로 밑줄
strike	True로 취소선
color	RGB로 문자색 지정

표 5-1 Font 클래스 관련 프로퍼티

셀 칠하기

PatternFill 클래스를 사용해서 셀 배경에 칠하기를 설정합니다. pattern Type으로 채우기 패턴을, fgColor로 채우기 색상을 각각 지정합니다.

텍스트 맞춤

Alignment 클래스로 텍스트를 셀의 가로(horizontal)와 세로(vertical)에 맞추는 법을 지정할 수 있습니다. horizontal에는 left(왼쪽), center(가운데), fill(채우기), right(오른쪽), centerContinuous(선택 영역의 가운데로), general(일반), justify(양쪽 맞춤), distributed(균등 분할) 등을 지정합니다.

vertical에는 bottom(아래쪽), center(가운데), top(위쪽), justify(양쪽 맞춤), distributed(균등 분할) 등을 지정합니다.

예제 프로그램으로 텍스트 맞춤 방법을 살펴봅시다.

코드 5-2 **텍스트 맞춤을 설정하는 format_sheet1.py**

```
1  import openpyxl
2  from openpyxl.styles import Alignment
3
4  wb = openpyxl.Workbook()
5  sh = wb.active
6  sh.column_dimensions["A"].width = 20
7  sh["a1"] = "left,bottom"
8  sh["a1"].alignment = Alignment(horizontal="left",
   vertical="bottom")
9  sh["a2"] = "center,center"
10 sh["a2"].alignment = Alignment(horizontal="center",
   vertical="center")
11 sh["a3"] = "right,top"
12 sh["a3"].alignment = Alignment(horizontal="right",vertical="top")
13 sh["a4"] = "distributed,bottom"
```

```
14  sh["a4"].alignment = Alignment(horizontal="distributed",
    vertical="bottom")
15  wb.save(r"..\data\format_test.xlsx")
```

프로그램은 A열 너비를 설정한 후(6번), 7~14번에서 A1~A4 셀에 글자와 텍스트 맞춤을 설정합니다. 프로그램을 실행하면 다음처럼 출력됩니다.[3]

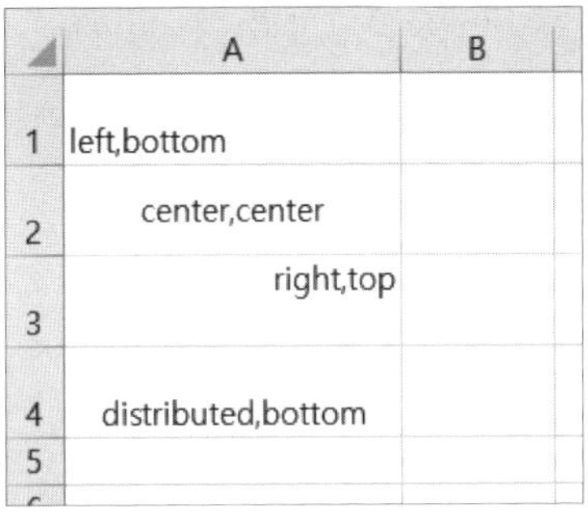

그림 5-3 Alignment의 대표적인 조합(format_test.xlsx)

셀 병합

셀 병합은 업무에서 많이 사용하는 기능입니다. 이것도 짧은 프로그램을 만들어서 설명하겠습니다.

코드 5-3 셀 병합하는 **format_sheet2.py**

```
1  import openpyxl
2
3  wb = openpyxl.Workbook()
4  sh = wb.active
5
6  sh["b2"] = "셀 병합 테스트"
7  sh.merge_cells("b2:c2")
```

---

3 세로 텍스트 맞춤을 잘 알아볼 수 있도록 엑셀에서 평소보다 행 높이를 좀 더 크게 표시해 보길 바랍니다.

```
8  sh["b2"].alignment = openpyxl.styles.
   Alignment(horizontal="center")
9
10 wb.save(r"..\data\format_test2.xlsx")
```

이 프로그램은 통합문서를 생성한 다음, B2 셀에 조금 긴 문자열을 넣었습니다. 그리고 7번 merge_cells( ) 메서드로 B2:C2를 병합해 이 문자열을 표시하였습니다. 그리고 셀 병합 상태를 알기 쉽게 하기 위해 다음 8번에서 텍스트를 중앙으로 배치했습니다.

```
openpyxl.styles.Alignment(horizontal="center")
```

이러면 엑셀에 있는 '병합하고 가운데 맞춤'과 같은 상태가 됩니다.

예제에서는 Alignment 클래스를 사용하는 곳이 한군데뿐이므로 Alignment 클래스를 따로 불러오지 않았습니다. 따라서 openpyxl.styles.Alignment라고 적어야 합니다.

프로그램을 실행하면 셀 B2~C2는 그림처럼 표시됩니다.

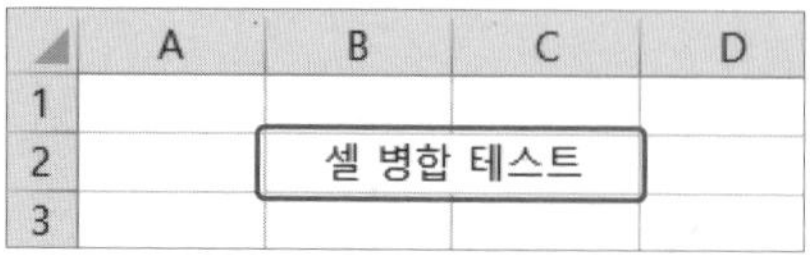

그림 5-4 셀 병합(format_test2.xlsx)

병합을 해제하려면 unmerge_cells( ) 메서드를 사용합니다.

```
unmerge_cells("b2:c2")
```

이와 같이 병합된 셀 범위를 지정해서 해제합니다.

raw 문자열

서식 설정 관련 이야기는 아니지만 여기서 설명해 둘 것이 있습니다.

코드 5-3 프로그램은 마지막 10번에서 wb.save( ) 메서드의 인수로 r로 시작하는 문자열을 지정했습니다.

```
r"..\data\format_test2.xlsx"
```

파이썬에서 문자열 앞에 r을 붙이면 이스케이프 시퀀스를 확장하지 않고 그대로 문자열로 처리합니다. 이런 문자열을 raw 문자열이라고 부릅니다. \t(탭)이나 \f(폼 피드, 줄바꿈문자) 같은 특수 문자가 문자열 안에 존재할 때, raw 문자열을 사용하게 되면 이스케이프 시퀀스의 의미를 무시하게 됩니다. 예제에서는 폴더 구분 문자 뒤에 f가 오기 때문에("~\format_test. xlsx"), raw 문자열이 없으면 \f는 이스케이프 시퀀스로 해석됩니다. 따라서 raw 문자열이라는 것을 뜻하는 r을 붙이면 파일명이 f나 t로 시작하더라도 문제없이 실행됩니다.

테두리 스타일

코드 5-1에서 Side 클래스 객체 변수를 다음과 같이 작성했습니다(34번).

```
side = Side(style="thin", color="000000")
```

Side 객체의 인수 style에 thin을 지정하고 color에 000000(검은색)을 지정했습니다. 따라서 변수 side를 인수로 사용하는 셀은 얇은 검은색 테두리가 표시됩니다. 이외에도 Side 클래스로 다양한 테두리를 사용할 수 있습니다.

짧은 예제 프로그램으로 사용법을 배워 봅시다. 이번 프로그램은 미리 값이 들어 있는 엑셀 파일을 사용합니다.

▲	A	B	C	D	E	F	G	H	I	
1										
2		A	1		가	10		a	100	
3		B	2		나	20		b	200	
4		C	3		다	30		c	300	
5										

그림 5-5 예제 프로그램에서 사용하는 엑셀 파일(border.xlsx)

미리 만들어 둔 border.xlsx 파일을 data 폴더에 저장합니다. 이 파일을 이용해서 테두리를 긋는 프로그램이 format_sheet3.py입니다.

코드 5-4 워크시트에 테두리를 긋는 format_sheet3.py

```
1   import openpyxl
2   from openpyxl.styles import Border, Side
3
4   wb = openpyxl.load_workbook(r"..\data\border.xlsx")
5   sh = wb.active
6
7   side1 = Side(style="thick", color="00FF00")
8   side2 = Side(style="dashDot", color="0000FF")
9   side3 = Side(style="slantDashDot", color="FF0000")
10
11  for rows in sh["B2":"C4"]:
12  ____for cell in rows:
13  _____cell.border = Border(left=side1, right=side1, top=side1,
            bottom=side1 )
14  for rows in sh["E2":"F4"]:
15  ____for cell in rows:
16  _____cell.border = Border(left=side2, right=side2, top=side2,
            bottom=side2)
17  for rows in sh["H2":"I4"]:
18  ____for cell in rows:
19  _____cell.border = Border(left=side3, right=side3, top=side3,
            bottom=side3 )
```

```
20
21
22 wb.save(r"..\data\border_ed.xlsx")
```

이 프로그램은 border.xlsx 파일을 읽어서(4~5번) 셀 범위마다 다른 스타일
과 색으로 테두리를 긋습니다(11~19번).

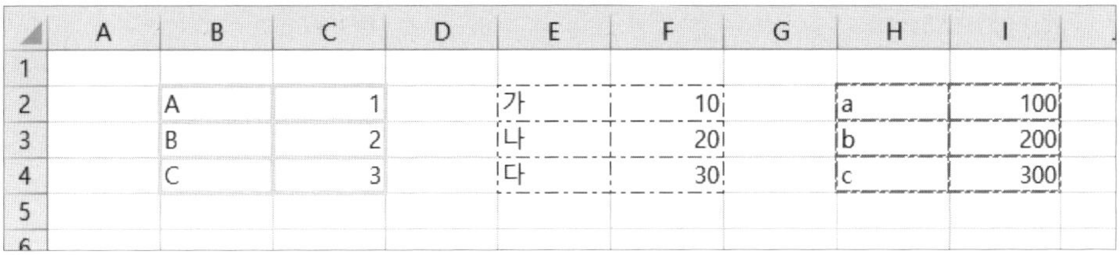

◢	A	B	C	D	E	F	G	H	I	
1										
2		A	1		가	10		a	100	
3		B	2		나	20		b	200	
4		C	3		다	30		c	300	
5										
6										

그림 5-6 format_sheet3.py 실행 결과(border_ed.xlsx)

7~9번에서 테두리의 종류를 설정합니다. Side 객체의 인수 style에 thick을
지정하면 두꺼운 선이 되고, dashDot를 지정하면 대시선과 점선이 반복됩니
다. slantDashDot를 지정하면 대시선과 점선에 경사가 지는 패턴이 반복됩
니다.

　style에 medium(중간선), dotted(점선), double(이중선)을 지정한 예시도
살펴봅시다.

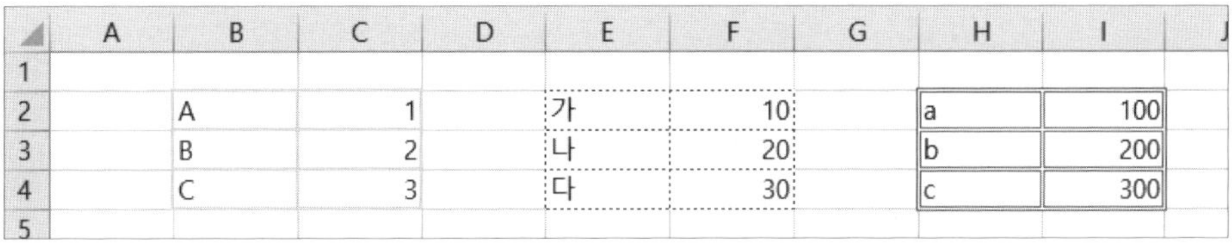

◢	A	B	C	D	E	F	G	H	I	
1										
2		A	1		가	10		a	100	
3		B	2		나	20		b	200	
4		C	3		다	30		c	300	
5										

그림 5-7 왼쪽부터 medium, dotted, double(border_ed2.xlsx)

전부를 소개할 수는 없지만, 이외에도 hair나 dashDotDot 등 다양한 스타일
이 있습니다.

테두리를 표시할 셀을 지정하기 위해 for 반복문으로 sh["B2":"C4"]처럼 지정한 셀 범위에서 행을 얻습니다(11, 14, 17번). 이 반복문 안에 다시 for 반복문이 있어서 작업 중인 행에서 셀을 얻습니다(12, 15, 18번).

셀 범위를 지정하는 방법

지금까지 예제 프로그램에서 워크시트에 있는 셀 범위를 지정하는 방법을 몇 가지 소개했는데 정리해 봅시다. 이해를 돕기 위해 range.py 예제 프로그램을 만드는데, 프로그램에서 사용하는 range.xlsx에는 다음과 같은 값이 들어 있습니다.

◢	A	B	C	D
1	1	2	3	4
2	10	20	30	40
3	100	200	300	400
4				

그림 5-8 range.xlsx

다음 코드를 입력해서 프로그램을 실행해 봅시다.

코드 5-5 **range.py**

```
1  import openpyxl
2
3
4  wb = openpyxl.load_workbook(r"..\data\range.xlsx")
5  sheet = wb.active
6
7  getted_list = []
8  for row in sheet:
9      for cell in row:
10         getted_list.append(cell.value)
11
12 print(getted_list)
```

```
13
14 getted_list = []
15 for row in range(2, sheet.max_row+1):
16 ⌐for col in range(2,sheet.max_column+1):
17 ⌐ ⌐getted_list.append(sheet.cell(row,col).value)
18
19 print(getted_list)
20
21 getted_list = []
22 for rows in sheet["B2":"C3"]:
23 ⌐for cell in rows:
24 ⌐ ⌐getted_list.append(cell.value)
25
26 print(getted_list)
27
28 getted_list = []
29 for rows in sheet.iter_rows(min_row=2, min_col=2, max_row=3,
   max_col=3):
30 ⌐for cell in rows:
31 ⌐ ⌐getted_list.append(cell.value)
32
33 print(getted_list)
```

셀 범위를 지정하는 4가지 방법을 소개한 코드입니다. 먼저 워크시트 객체 전체를 다루는 방법입니다. 8번 for 문에서 in sheet로, 값을 입력한 워크시트의 모든 행과 열이 셀 범위의 대상이 됩니다.

```
8  for row in sheet:
9  ⌐for cell in row:
10 ⌐ ⌐getted_list.append(cell.value)
```

for 문 안에서는 7번에서 선언한 getted_list라는 리스트에 append() 메서드로 셀 값을 추가합니다. 두 개의 for 문을 빠져나오면 print(getted_list)를 만나게 되는데, 셀에서 획득한 값이 리스트 형식으로 출력됩니다.

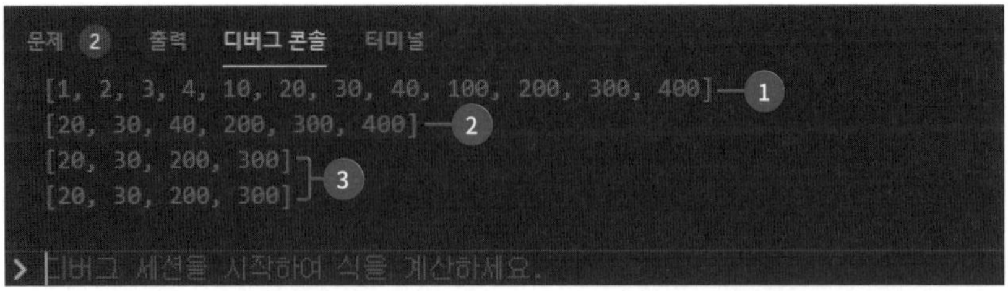

그림 5-9 디버그 콘솔에 표시된 실행 결과는 리스트 getted_list의 내용

워크시트 전체를 대상으로 값을 취득한 리스트 출력 결과는 그림 5-9의 ①입니다. 모든 값이 리스트에 들어 있는 것을 알 수 있습니다.

15번 for 문은 두 번째 셀 범위 취득 방법입니다. 워크시트의 2행부터 값이 들어 있는 마지막 행까지 처리하고 싶거나 2열부터 마지막 열까지 처리하고 싶을 때 유용합니다.

```
15 for row in range(2, sheet.max_row+1):
16 ⌐for col in range(2,sheet.max_column+1):
17 ⌐⌐getted_list.append(sheet.cell(row,col).value)
```

range() 함수에 지정하는 인수는 시작값과 정짓값입니다. 정짓값 자체는 범위에 포함하지 않으므로 워크시트의 마지막 행 또는 열까지 반복할 수 있게 시작값은 2, 정짓값은 max_row+1, max_column+1처럼 지정한 다음, for 문에서 사용합니다.

리스트 출력 결과는 그림 5-9의 ②와 같습니다.

```
[20, 30, 40, 200, 300, 400]
```

세 번째 방법은 처리해야 할 셀 범위를 이미 알고 있을 때 유용합니다. sheet["B2":"C3"]처럼 엑셀에서 자주 보던 좌표 범위를 설정할 수 있어서 편리합니다. range.py 22번 코드를 보기 바랍니다.

```
22 for rows in sheet["B2":"C3"]:
23    for cell in rows:
24      getted_list.append(cell.value)
```

출력 결과는 그림 5-9의 ③과 같습니다.

```
[20, 30, 200, 300]
```

이렇게 2행과 2열의 값을 얻습니다. 이때 변수명을 row가 아니라 rows라고 복수형으로 사용합니다. 이것은 sheet["B2":"C3"]라고 범위를 지정해 여러 행을 한꺼번에 가져온다는 것을 변수명으로 알게 하기 위함입니다. 다만, 프로그램 실행에 영향을 주지 않는 단순 변수명이므로 row라고 해도 프로그램 실행 결과는 같습니다.

다음은 iter_rows() 메서드를 사용해서 같은 범위의 행과 열을 지정하는 코드입니다.

```
29 for rows in sheet.iter_rows(min_row=2, min_col=2, max_row=3,
   max_col=3):
30    for cell in rows:
31      getted_list.append(cell.value)
```

iter_rows() 메서드의 인수인 min_row, min_col, max_row, max_col에는 셀의 범위를 숫자로 지정할 수 있습니다. 출력 결과는 그림 5-9의 4번째 줄이지만 3번째 줄과 결과는 같습니다.

조건부 서식 설정하기

총무부에 또다시 찾아온 은미 씨. 어딘가 겁먹은 표정입니다.

은미   조 과장님이 제정신이 아닌가 봐. 붉게 칠해 버린다면서 돌아다니고 있어!

유비   그게 무슨 말이야? 좀 알아듣게 자세히 말해 봐.

은미   영업부장님한테 불려가서 실적으로 한 소리 들으신 모양인데, 돌아와서는 엑셀 표를 보더니, 전년 대비 100% 미달인 녀석은 다 붉게 칠해 버려야겠다면서 계속 중얼거린단 말이야.

유비   엑셀 이야기니까 아마도 조건부 서식 이야기 같은데? 매출 성적이 낮은 담당자는 엑셀 표에서 빨간색으로 칠한다는 이야기일 거야. 결산이 얼마 안 남았으니 급하겠지.

은미   그런가 해서 어떻게 하는지 물어봤더니 "페인트라도 사 와서 칠하지 그래?"라며 신경질을 내는 거 있지? 나 부서 바꾸고 싶어.

유비   …….

은미 씨 말을 듣고 유비는 말문이 막히고 말았습니다. 총무과장이 옆에서 듣더니 헛기침을 하고 있습니다. 요즘 총무부에 계속 사람이 찾아와서 잠잠한 날이 없으니 부서 내에서 눈총을 받는 유비입니다. 빨리 파이썬을 통달해서 결과를 보여줘야 할 것 같습니다.

유비   알았어. 파이썬으로 조건부 서식을 어떻게 하는지 알려줄게.

■ ■

조 과장이 말한 붉게 칠하는 방법은 조건부 서식을 사용하면 가능합니다.

엑셀의 조건부 서식은 설정이 약간 까다로운 편입니다. 특히 조건에 수식을 설정하려면 조금 독특한 표기법을 사용하기도 해서 어렵게 느끼는 분도 있습니다. 이런 조건부 서식을 파이썬으로 설정하면 어떻게 되는지 봅시다.

엑셀 표준 기능에 있는 조건부 서식 설정부터 살펴봅시다. 예를 들어 셀 값이 100 미만이라면 배경색을 빨강으로 바꾸는 설정입니다. 엑셀 메뉴의 [홈] 탭에서 조건부 서식 아이콘 → [셀 강조 규칙] → [보다 작음] 순서로 선택해서 입력값에 100, 서식에 빨강(배경색)을 설정합니다.

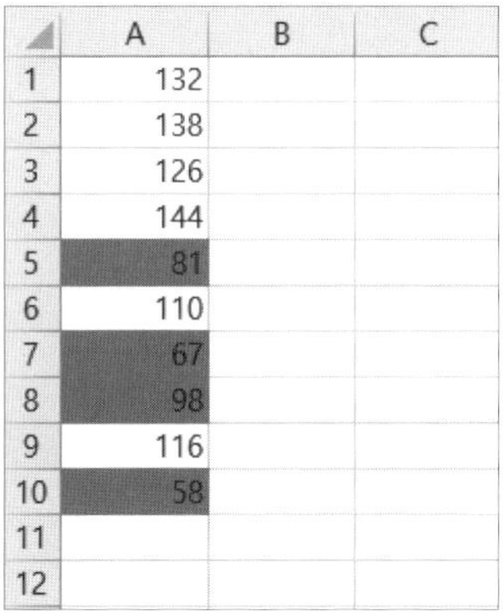

◢	A	B	C
1	132		
2	138		
3	126		
4	144		
5	81		
6	110		
7	67		
8	98		
9	116		
10	58		
11			
12			

그림 5-10 셀 값이 100 미만이면 빨갛게 칠하는 조건부 서식 설정(fill_red.xlsx)

이걸 파이썬 프로그램으로 표현해 봅시다.

코드 5-6 조건과 일치하는 셀을 빨갛게 칠하는 fill_red.py

```python
1  import openpyxl
2  import random
3  from openpyxl.styles import PatternFill
4  from openpyxl.formatting.rule import CellIsRule
5
6
7  wb = openpyxl.Workbook()
8  sh = wb.active
9  values = random.sample(range(50,150), 10)
```

```
10 for i, value in enumerate(values):
11 ____sh.cell(i + 1, 1 ).value = value
12
13
14 less_than_rule = CellIsRule(
15 ____operator="lessThan",
16 ____formula=[100],
17 ____stopIfTrue=True,
18 ____fill=PatternFill("solid", start_color="FF0000",
       end_color="FF0000")
19 )
20 sh.conditional_formatting.add("A1:A10", less_than_rule)
21
22 wb.save(r"..\data\fill_red.xlsx")
```

1~4번에서 openpyxl 외에도 난수(무작위 값)를 만드는 random 모듈, 색을 칠하는 PatternFill 클래스, 조건부 서식 규칙을 작성하는 CellIsRule 클래스를 불러옵니다.

통합문서를 새로 만들고 첫 번째 워크시트를 active 프로퍼티로 가져오는 것까진 이전 프로그램과 동일합니다.

이번에는 새로운 두 함수가 등장합니다.

9번 random.sample( ) 메서드는 중복되지 않는 난수 리스트를 반환합니다. 첫 번째 인수로 지정한 range(50,150)에서 50에서 149 사이의 숫자를 난수의 범위로 지정합니다. 두 번째 인수로 개수 10을 지정하면 첫 번째 인수로 정한 범위 안에서 무작위로 선정한 10개의 숫자 리스트를 반환합니다.

어떤 식으로 난수가 만들어지는지 print(values) 함수로 출력하는 코드를 9번 아래에 추가해서 실행해 봅시다.

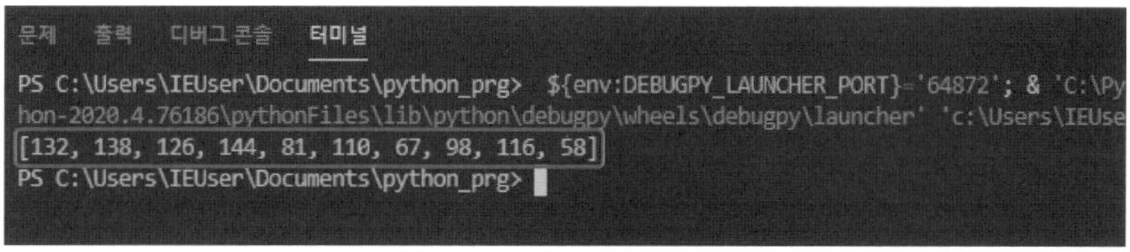

그림 5-11 난수로 작성한 리스트 값을 표시

프로그래밍을 공부할 때는 이렇게 조금씩 코드를 작성한 다음, 도중에 변수의 값이 어떻게 되는지 확인하며 진행하는 것이 프로그래밍을 이해하는데 무척 중요합니다. 예시에서 본 것처럼 중복되지 않은 숫자가 무작위로 10개, 리스트 형태로 만들어지는 것을 알 수 있습니다. 난수 함수를 사용하여 만든 숫자의 조합은 실행할 때마다 매번 바뀌게 됩니다.

다음으로 처음 등장하는 함수가 10번 enumerate( )입니다. enumerate( ) 함수는 리스트 등에서 인덱스와 요소를 순서대로 반환합니다. 예제 프로그램에서는 이 값을 변수 i, value로 받습니다. 인덱스는 0부터 시작하므로 행 번호로 사용할 수 있게 11번에서 sh.cell 행에 i + 1한 값을 지정합니다.

14번부터 조건부 서식 설정인데, 먼저 CellIsRule 클래스 객체를 만듭니다. 그리고 20번 sh(워크시트)의 conditional_formatting 프로퍼티에서 add( ) 메서드를 이용하면 조건부 서식이 설정됩니다. CellIsRule 클래스 객체의 첫 번째 인수 operator에 lessThan(미만), 두 번째 인수 formula에 100, 네 번째 인수 fill에는 PatternFill 클래스 객체를 설정합니다. 계속해서 PatternFill 클래스 객체는 칠하고 싶은 패턴으로 solid, 색상에는 start_color="FF0000", end_color="FF0000"이라고 빨간색의 RGB 코드를 지정합니다.

이렇게 작성한 규칙less_than_rule을 A1:A10 셀 범위에 설정하고(20번), fill_red.xlsx 라는 이름으로 통합문서를 저장합니다.

조건부 서식이 어떻게 설정되었는지 엑셀에서 확인해 봅시다. 조건부 서식 아이콘에서 [규칙 관리]를 선택합니다.

그림 5-12 파이썬에서 작성한 조건부 서식을 엑셀에서 확인

우리가 원하는 대로 셀 값이 100보다 작으면 빨간색으로 칠하는 범위 A1부터 A10이 제대로 설정되어 있음을 알 수 있습니다.

색조 설정법

이번에는 조건부 서식에 색조를 설정하는 예를 소개합니다.

◢	A	B	C
1	82		
2	127		
3	146		
4	67		
5	87		
6	92		
7	70		
8	132		
9	115		
10	77		
11			
12			

그림 5-13 빨강에서 흰색으로 변화함(color_scale.xlsx)

셀 값이 작을 땐 빨강, 커지면 흰색이 되도록 단계적으로 색이 변하는 조건부 서식을 설정합니다. 코드를 봅시다.

코드 5-7 color_scale.py

```python
1   import openpyxl
2   import random
3   from openpyxl.formatting.rule import ColorScaleRule
4
5
6   wb = openpyxl.Workbook()
7   sh = wb.active
8   values = random.sample(range(50,150), 10)
9   for i, value in enumerate(values):
10      sh.cell(i + 1, 1 ).value = value
11
12  two_color_scale = ColorScaleRule(
13      start_type="min", start_color="FF0000",
14      end_type="max", end_color="FFFFFF"
15  )
16
17  sh.conditional_formatting.add("A1:A10", two_color_scale)
18
19
20  wb.save(r"..\data\color_scale.xlsx")
```

openpyxl.formatting.rule에서 색조를 작성하는 ColorScaleRule 클래스를 불러옵니다. 이 클래스에서 컬러 스케일을 만듭니다.

무작위로 50에서 149 사이의 값 10개를 A열에 대입하는 부분은 코드 5-6 fill_red.py와 같습니다.

ColorScaleRule 클래스 객체를 작성할 때 인수 start_type에 min, end_type에 max를 지정합니다. 그리고 색상은 start_color에 FF0000(빨강), end_color에 FFFFFF(흰색)를 지정합니다. 이렇게 하면 그라데이션이 표현됩니다.

ColorScaleRule로 만들어진 색조가 어떻게 보이는지 프로그램을 실행해서 만든 엑셀 파일을 열어서 확인해 봅시다.

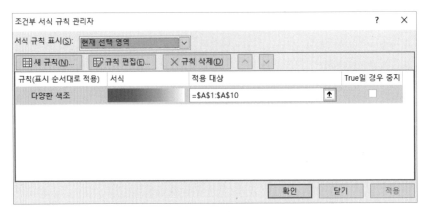

그림 5-14 ColorScaleRule로 만든 조건부 서식 설정 확인

원하는 대로 빨강에서 흰색으로 그라데이션이 되어 있는 것을 알 수 있습니다.

6장

차트

유비,
경영관리실
누님에게
부탁 받다

복도에서 경영관리실 수아 씨를 만난 유비. 경영관리실에 뭔가 곤란한 일이 있는 듯합니다. 유비는 경영관리실 일은 잘 모르지만, 이야기를 들어 보니 차트를 좋아하는 전무가 있어서, 뭐든지 차트로 그려 오라고 성화인가 보군요.

유비　며칠 전에 경영관리실 나라 씨한테 전화가 와서 차트를 작성해 달라고 부탁받았는데 어떻게 제 이름을 알고 전화를 한 건가요?

유비는 수아 씨에게 궁금했던 일을 물어보았습니다.

수아　아, 나라 씨는 조 과장님 동기예요. 동기끼리 술자리도 자주 하신다고 그러던데, 그때 알았나 보네요.

유비　그랬군요.

수아　그런데 어떤 전화였어요? 그나저나 경영관리실 전화는 조심해서 받아요. 사장님이나 전무님 직속 사원들이 많으니까요.

유비　겁주지 마세요…….

이야기는 며칠 전으로 거슬러 올라갑니다. 유비는 경영관리실에서 걸려온 전화를 받고는 불려 갔습니다.

유비　실례하겠습니다. 총무부 김유비입니다.

유비는 경영관리실 문을 열었습니다.

나라　어서 와요. 유비 씨, 잠깐 이쪽으로 와 볼래요?

유비　차트 개수가 엄청나네요. 매출, 경비, 직영점 설문 통계, 잔업 시간, 전기료까지? 이런 걸 전부 차트로 그려야 하나요?

나라　그러니까요. 전무님이 차트를 너무 좋아하셔서.

유비　전무님이면 사장님의……．

나라　네, 사장님 자제분이시죠. TED라던가요? 그거 보시더니 모든 건 차트로 그려야 한다고. 토미는 진짜 끝내준다고.[1] 이름도 처음 듣는 사람 때문에 요즘 큰일이에요. 아무튼 이런 거 좀 쉽게 만드는 방법 없을까요?

■ ■ ■ ■ ■ ■ ■ ■ ■ ■ ■ ■ ■ ■ ■ ■ ■ ■ ■

삼국어패럴에서는 웹 기반 판매 관리 프로그램을 사용하는데, 경영관리실 나라 씨는 판매 관리 프로그램에서 집계한 데이터를 CSV로 다운로드한 다음, 엑셀로 차트를 만드는 작업을 반복하고 있습니다. 이 장에서는 파이썬을 이용해 미리 준비한 엑셀 집계 데이터를 차트로 자동 변환하는 방법을 알아봅시다.

　데이터 셀 범위를 확인해 차트로 변환하는 작업은 지금까지 해온 프로그램과 큰 차이가 없습니다. 코딩의 감만 잡으면 쉽게 응용할 수 있습니다. 지금부터 예제 프로그램에서 어떻게 셀을 참조하고, 어떻게 차트를 설정하는지 주목하기 바랍니다.

01 │ 차트를 작성하는 예제 프로그램

그러면 openpyxl 라이브러리를 사용해서 차트를 작성해 봅시다. 막대형 차트, 누적 막대형 차트, 꺾은선형 차트, 영역형 차트, 원형 차트, 방사형 차트, 거품형 차트를 만들 예정입니다. 프로그램을 실행하기 전에 우선 어떤 데이터로 어떤 차트를 만들지 예시를 보면서 설명하겠습니다.

---

1 (옮긴이) 대화에 나오는 TED 영상이 무엇인지 궁금하신 분은 토미 맥콜 - 좋은 그래픽의 단순한 특징 *https://www.ted.com/talks/tommy_mccall_the_simple_genius_of_a_good_graphic/transcript? language=ko* 영상을 참고하기 바랍니다.

우선, 거래처별 매출 데이터는 다음과 같습니다.

	A	B	C
1	거래처 코드	거래처명	월매출
2	00001	맛동산 상사	₩5,600,000
3	00002	마패 홀딩스	₩3,400,000
4	00003	복지체인	₩7,650,000
5	00004	QUICK BASE	₩1,250,000
6	00005	라이온 주식회사	₩3,460,000
7	00006	빅하우스	₩2,340,000
8	00007	다사다	₩7,800,000
9	00008	백의무봉	₩5,490,000
10	00009	비조	₩11,218,000
11	00010	당케쉔	₩2,300,000
12	00011	JH 홀딩스	₩1,256,000
13			

그림 6-1 거래처별 매출 워크시트

이 데이터의 거래처명과 월매출을 이용해 막대형 차트를 표현합니다.

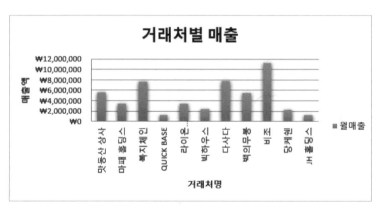

그림 6-2 거래처별 매출 막대형 차트

다음은 상품 분류별, 사이즈별 판매 수량을 집계한 데이터입니다.

	A	B	C	D	E	F	G
1	코드	분류명	S	M	L	LL	XL
2	10	폴로 셔츠	200	240	150	130	100
3	11	드레스 셔츠	100	200	200	100	10
4	12	캐주얼 셔츠	50	100	100	115	120
5	13	티셔츠	100	300	200	250	200
6	15	가디건	200	200	200	100	50
7	16	스웨터	100	150	200	150	100
8	17	땀받이 셔츠	150	250	300	260	100
9	18	파카	150	150	200	150	50
10							

그림 6-3 상품 분류 및 사이즈별로 판매량을 집계한 워크시트

이 데이터로 상품 분류별, 사이즈별 판매량을 누적 막대형 차트로 그립니다.

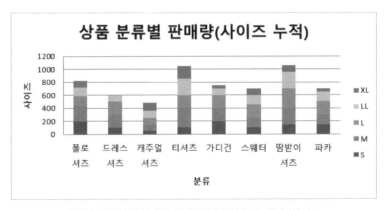

그림 6-4 상품 분류 및 사이즈별 판매량을 표시하는 누적 막대형 차트

이렇게 누적 막대형 차트로 그리면 어떤 상품 또는 어떤 사이즈가 많이 팔렸는지 한눈에 쉽게 파악할 수 있습니다.

상품 분류별로 판매량이 월 단위로 어떻게 변하는지 확인하려면 꺾은선형 차트가 좋습니다.

	A	B	C	D	E	F	G	H	I
1	월	폴로 셔츠	드레스 셔츠	캐주얼 셔츠	티셔츠	가디건	스웨터	땀받이 셔츠	파카
2	4월	1500	2000	2000	1000	500	100	800	1500
3	5월	2000	1500	1500	2000	400	200	800	1000
4	6월	3000	1800	1500	3800	300	10	600	500
5	7월	2600	1500	1000	3600	30	20	500	100
6	8월	2800	1000	1000	3000	40	10	200	150
7	9월	1500	2500	2000	1000	500	500	400	3000
8									

그림 6-5 상품 분류별, 월별 판매량 집계 워크시트

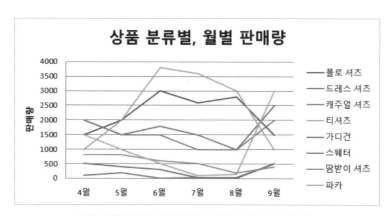

그림 6-6 상품 분류별로 월별 판매량 추세를 표현하는 꺾은선형 차트

이어서 영역형 차트(Area Chart)인데, 누적 막대형 차트와 꺾은선형 차트의
속성을 모두 지닌 차트입니다. 면적으로 양을 표시할 수 있습니다. 이 장에
서는 그림 6-3과 같은 데이터로 누적 영역형 차트를 그립니다.

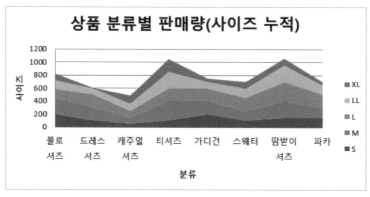

그림 6-7 상품 분류별, 사이즈별 판매량을 표시하는 영역형 차트

데이터 자체는 그림 6-4 누적 막대형 차트와 같지만 좀 더 박력 있는 차트가
됩니다.

  원형 차트도 작성할 수 있습니다. 데이터는 여성복(Women), 남성복
(Men), 아동복(Kids)의 부문별 매출액입니다.

	A	B
1		매출(백만)
2	Women	170
3	Men	135
4	Kids	110
5		

그림 6-8 Women, Men, Kids 부문별 매출액

이 데이터를 원형 차트로 그리면 부문별 매출액 비율을 한눈에 파악할 수 있
습니다.

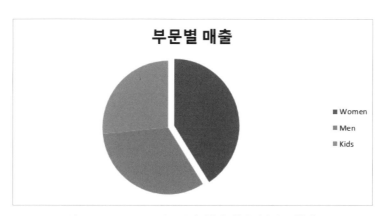

그림 6-9 Women, Men, Kids 부문별 매출액 비율을 나타내는 원형 차트

다음은 직영점별 여성복(Women), 남성복(Men), 아동복(Kids)의 판매 경향,
편향 정도를 확인하는 방사형 차트입니다.

	A	B	C	D
1	직영점명	Women	Men	Kids
2	서울1호점	150	160	70
3	서울2호점	230	50	120
4	경기1호점	140	100	150
5	경기2호점	90	120	40
6	부산1호점	80	110	10
7				

그림 6-10 직영점별, 부문별 판매량

그림 6-11 직영점별, 부문별 판매량 방사형 차트

방사형 차트는 매출이 많을수록 선으로 둘러싼 면적이 커집니다. 여성복이 제일 면적이 넓습니다. 그리고 직영점별로 어떤 부문이 강한지 알 수 있는데, 예를 들어 경기1호점은 아동복 판매가 상대적으로 높습니다.

마지막으로 거품형(bubble) 차트는 세 종류 데이터를 동시에 비교할 수 있습니다.

	A	B	C	D
1	직영점명	매출(백만)	이익(백만)	종업원 수
2	서울1호점	15	4.4	10
3	서울2호점	8	3	5
4	경기1호점	32	8	15
5	경기2호점	24	5	6
6	부산1호점	13	3.5	3
7				

그림 6-12 직영점별 매출, 이익, 종업원 수

이것을 거품형 차트로 표현해 봅시다.

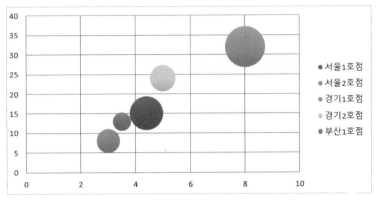

그림 6-13 직영점별 매출, 이익, 종업원 수를 나타내는 거품형 차트

거품형 차트는 매출액을 Y축, 이익을 X축, 종업원 수를 거품 크기로 표시합니다. 이것으로 매출액, 이익, 종업원 수의 관계를 알 수 있습니다.

openpyxl 라이브러리를 이용하면 지금까지 본 차트를 파이썬으로 손쉽게 작성할 수 있습니다. 이제 막대형 차트부터 만들어 봅시다. 차트를 작성하기 위해서는 앞에서 살펴본 데이터를 문서 폴더의 data 폴더로 미리 옮겨 놓아야 합니다.

막대형 차트

막대형 차트를 작성하는 프로그램 column_chart.py부터 봅시다.

코드 6-1 막대형 차트를 작성하는 column_chart.py

```
1   import openpyxl
2   from openpyxl.chart import BarChart, Reference
3
4   wb = openpyxl.load_workbook("..\data\column_chart.xlsx")
5   sh = wb.active
6
```

```
 7  data = Reference(sh, min_col=3, max_col=3, min_row=1,
    max_row=sh.max_row)
 8  labels = Reference(sh, min_col=2, max_col=2, min_row=2,
    max_row=sh.max_row)
 9  chart = BarChart()
10  chart.type = "col"
11  chart.style = 28
12  chart.title = "거래처별 매출"
13  chart.y_axis.title = "매출액"
14  chart.x_axis.title = "거래처명"
15
16  chart.add_data(data,titles_from_data=True)
17  chart.set_categories(labels)
18  sh.add_chart(chart, "E3")
19
20  wb.save("..\data\column_chart.xlsx")
```

column_chart.py는 막대형 차트(Bar chart)를 손쉽게 사용하기 위해 open
pyxl 패키지 외에도 openpyxl.chart 패키지에서 BarChart 클래스, Reference
클래스를 불러옵니다. 5장에서 설명한 것처럼 하위 패키지 클래스를 따로 불
러오지 않아도 openpyxl 패키지에서 모든 클래스를 사용할 수 있습니다. 그
러나 하위 패키지 클래스를 불러오면 패키지명을 일일이 입력하지 않아도
되므로 코딩하기가 한결 수월해집니다.

막대형 차트를 만들려면 BarChart 클래스 객체를 만들어 type이나 style,
title과 같은 프로퍼티에 값을 설정하면 됩니다. 막대형 차트 작성에서 가장
중요한 것은 Reference 클래스로 만든 data와 labels 객체입니다. Reference
객체는 데이터 참조 범위를 다룹니다.

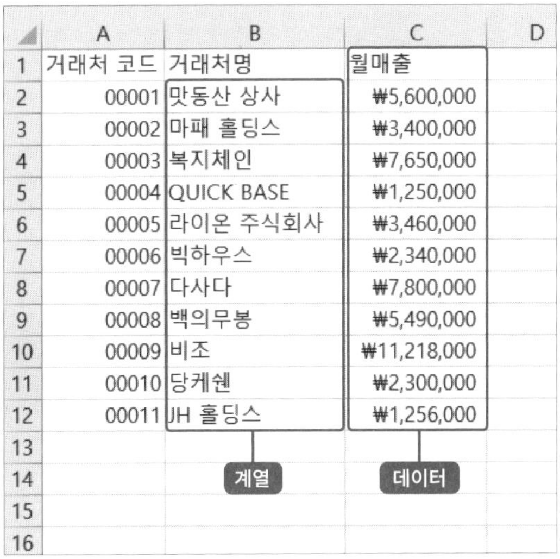

	A	B	C	D
1	거래처 코드	거래처명	월매출	
2	00001	맛동산 상사	₩5,600,000	
3	00002	마패 홀딩스	₩3,400,000	
4	00003	복지체인	₩7,650,000	
5	00004	QUICK BASE	₩1,250,000	
6	00005	라이온 주식회사	₩3,460,000	
7	00006	빅하우스	₩2,340,000	
8	00007	다사다	₩7,800,000	
9	00008	백의무봉	₩5,490,000	
10	00009	비조	₩11,218,000	
11	00010	당케쉔	₩2,300,000	
12	00011	JH 홀딩스	₩1,256,000	
13				
14				
15				
16				

그림 6-14 data와 labels 객체가 가리키는 범위(column_chart.xlsx)

7번 data 객체(데이터)는 현재의 워크시트(sh)의 C열, 즉 C1부터 값이 들어 있는 마지막 행(C12)까지 참조합니다. 8번 labels 객체(계열)는 B열에서 거래처명이 입력된 셀(워크시트 B2~B12)을 참조합니다.

data 객체를 Reference 클래스로 정의할 때 C열만 지정하려면 3열(C열)에서 3열(C열)까지라고 지정하면 됩니다.

```
min_col=3, max_col=3
```

labels 객체에 B열을 지정할 때도 같은 방식입니다.

이어서 9번에서 비어 있는 막대형 차트 객체를 chart라는 이름으로 생성합니다.

10~14번은 차트의 프로퍼티를 설정합니다. 자세한 내용은 차차 설명하겠습니다.

16번은 chart 객체에 데이터를 설정하는 코드입니다. add_data() 메서드의 첫 번째 인수로 data 객체를 지정합니다. 그리고 이때 두 번째 인수를 다음처럼 설정하면, 앞에서 데이터로 지정한 C열의 첫 번째 셀 **"월매출"**을 막대형 차트의 범례로 사용할 수 있습니다.

```
titles_from_data=True
```

17번은 차트 객체에 set_categories() 메서드를 이용해 labels 객체를 지정합니다. 그러면 chart 객체에는 앞에서 지정한 B열의 계열 값이 설정됩니다.

18번은 add_chart() 메서드를 이용해 chart를 워크시트의 셀 E3에 삽입합니다. 이렇게 하면 워크시트에 차트가 만들어집니다. 이 메서드는 차트를 삽입하는 메서드이므로 프로그램을 반복해서 실행하면 같은 위치에 차트가 계속 겹쳐 출력됩니다.

save() 메서드로 파일을 저장하면, 다음과 같은 엑셀 파일이 만들어집니다.

그림 6-15 차트가 작성된 워크시트

10~14번에 있는 chart 프로퍼티를 자세히 살펴봅시다. 우선 12~14번의 title, y_axis.title, x_axis.title 프로퍼티에 각각 차트 제목, Y축 제목, X축 제목을 지정합니다.

11번 chart.style 프로퍼티에 지정한 숫자를 바꾸면 차트 색이 변합니다.

예제에서 지정한 숫자가 28이라면 막대가 오렌지색이 되고, 1이라면 회색, 11은 청색, 30은 노란색이 됩니다. 37은 차트 배경이 연한 회색, 45라면 검은 색이 배경색이 됩니다.

그림 6-16 chart.style에 37을 지정한 차트

10번 chart.type 프로퍼티에 "col"을 지정하면 예제처럼 세로 막대형 차트가 되지만 "bar"를 지정하면 가로 막대형 차트가 됩니다.

다만 지금 차트를 가로 막대형 차트로 선택하면 Y축에 표시되는 항목(거 래처명)이 일부만 표시되는 문제가 있습니다. 이건 openpyxl로 차트를 그릴 때 기본 크기가 이미 정해져 있기 때문입니다.

그림 6-17 같은 데이터로 가로 막대형 차트를 그리면 일부 거래처명만 표시됨

파이썬으로 작성한 차트를 엑셀에서 열어 직접 항목 높이를 수정하면 해결할 수 있지만, 끝마무리가 수작업이라니 지금까지 진행해온 자동화 작업이 아깝습니다. 그러므로 프로그램에서 chart의 height나 width 프로퍼티 값을 수정해 작성할 차트의 크기를 변경해 봅시다.

예를 들어 14번 다음에 이런 코드를 추가해서 프로그램을 실행해 봅시다.

```
chart.height = 10
```

그림 6-18 chart.height = 10을 지정한 가로 막대형 차트

이처럼 위아래 폭에 여유도 있고 항목도 전부 표시되는 보기 좋은 차트가 됩니다.

누적 막대형 차트

다음은 누적 막대형 차트를 만드는 프로그램입니다. 우선 기본 데이터를 봅시다.

	A	B	C	D	E	F	G	H
1	코드	분류명	S	M	L	LL	XL	
2	10	폴로 셔츠	200	240	150	130	100	
3	11	드레스 셔츠	100	200	200	100	10	
4	12	캐주얼 셔츠	50	100	100	115	120	
5	13	티셔츠	100	300	200	250	200	
6	15	가디건	200	200	200	100	50	
7	16	스웨터	100	150	200	150	100	
8	17	땀받이 셔츠	150	250	300	260	100	
9	18	파카	150	150	200	150	50	
10								
11		계열			데이터			
12								

그림 6-19 누적 막대형 차트 참조 범위(column_chart_stacked.xlsx)

데이터는 폴로 셔츠나 드레스 셔츠 같은 상품 분류에, S에서 XL과 같은 사이즈별 데이터까지 중첩되어 있습니다. 따라서 이런 중첩된 데이터를 잘 표현하기 위해 판매량을 쌓아 올린 누적 막대형 차트를 그리는 프로그램이 column_chart_stacked.py입니다.

코드 6-2 누적 막대형 차트를 작성하는 column_chart_stacked.py

```
1  import openpyxl
2  from openpyxl.chart import BarChart, Reference
3
4  wb = openpyxl.load_workbook("..\data\column_chart_stacked.xlsx")
5  sh = wb.active
6
7  data = Reference(sh, min_col=3, max_col=7, min_row=1,
   max_row=sh.max_row)
8  labels = Reference(sh, min_col=2, max_col=2, min_row=2,
   max_row=sh.max_row)
9  chart = BarChart()
10 chart.type = "col"
11 chart.grouping = "stacked"
12 chart.overlap = 100
13 chart.title = "상품 분류별 판매량(사이즈 누적)"
```

```
14 chart.x_axis.title = "분류"
15 chart.y_axis.title = "사이즈"
16 chart.add_data(data, titles_from_data=True)
17 chart.set_categories(labels)
18
19 sh.add_chart(chart, "I2")
20 wb.save("..\data\column_chart_stacked.xlsx")
```

7번을 보기 바랍니다. Reference 클래스 객체로 작성한 data의 참조 범위는
제목을 포함해서 사이즈 값이 들어 있는 모든 행이 대상입니다.

17번 set_categories() 메서드의 인수인 8번의 labels 객체는 B열 2행에
서 마지막(8행)까지입니다. 이 범위는 계열 분류가 됩니다.

11번 chart.grouping 프로퍼티에 "stacked"를 지정해서 누적 막대형 차트
를 만듭니다. overlap 프로퍼티에는 100을 지정합니다. 100보다 작은 수를
지정하면 사이즈별 막대가 조금씩 떨어져서 표시됩니다.

프로그램을 실행하면 다음과 같은 차트가 만들어집니다.

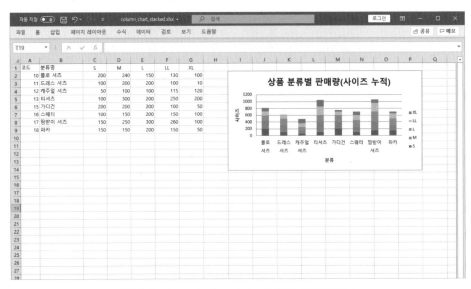

그림 6-20 column_chart_stacked.py로 만든 누적 막대형 차트

7번 Reference 클래스에서 워크시트 1행에 있는 제목을 참조 범위로 포함하므로 16번 add_data() 메서드에서는 titles_from_data=True로 지정해 S나 M, L 등의 사이즈명을 차트의 범례로 사용합니다.

100% 기준 누적 막대형 차트를 만들려면 11번째 줄 grouping 프로퍼티에 "percentStacked"를 지정합니다.

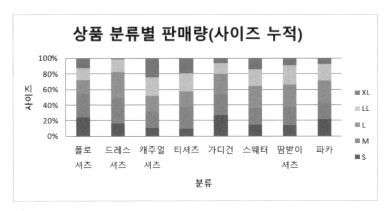

그림 6-21 grouping에 "percentStacked"를 지정한 100% 기준 누적 막대형 차트

이렇게 분류별, 사이즈별 판매량으로 누적 막대형 차트를 만들 수 있습니다.

꺾은선형 차트

꺾은선형 차트(Line chart)를 사용하면 폴로 셔츠나 티셔츠 판매량이 월별로 어떻게 변하는지 다른 상품 분류와 비교하면서 볼 수 있습니다. 꺾은선형 차트를 작성하는 line_chart.py를 봅시다.

코드 6-3 꺾은선형 차트를 만드는 line_chart.py

```
1  import openpyxl
2  from openpyxl.chart import LineChart, Reference
3
4  wb = openpyxl.load_workbook("..\data\line_chart.xlsx")
5  sh = wb.active
6
```

```
 7  data = Reference(sh, min_col=2, max_col=9, min_row=1,
    max_row=sh.max_row)
 8  labels = Reference(sh, min_col=1, min_row=2, max_row=sh.max_row)
 9
10  chart = LineChart()
11  chart.title = "상품 분류별, 월별 판매량"
12  chart.y_axis.title = "판매량"
13  chart.add_data(data, titles_from_data=True)
14  chart.set_categories(labels)
15
16  sh.add_chart(chart, "A9")
17  wb.save("..\data\line_chart.xlsx")
```

꺾은선형 차트는 LineChart 클래스를 사용합니다. Reference 클래스의 참조
범위 설정 방법은 BarChart 클래스와 같습니다.

⊿	A	B	C	D	E	F	G	H	I
1	월	폴로 셔츠	드레스 셔츠	캐주얼 셔츠	티셔츠	가디건	스웨터	땀받이 셔츠	파카
2	4월	1500	2000	2000	1000	500	100	800	1500
3	5월	2000	1500	1500	2000	400	200	800	1000
4	6월	3000	1800	1500	3800	300	10	600	500
5	7월	2600	1500	1000	3600	30	20	500	100
6	8월	2800	1000	1000	3000	40	10	200	150
7	9월	1500	2500	2000	1000	500	500	400	3000
8									
9	계열				데이터				
10									
11									

그림 6-22 꺾은선형 차트 참조 범위(line_chart.xlsx)

다음은 프로그램을 실행한 결과입니다.

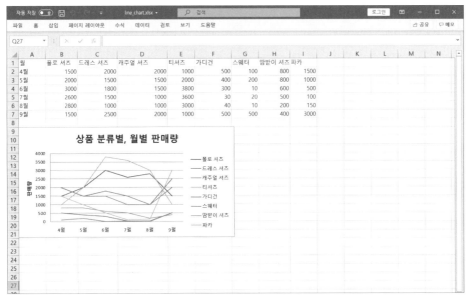

그림 6-23 line_chart.py로 작성한 꺾은선형 차트

7번에서 데이터 참조 범위를 정의할 때 워크시트 1행에 있는 제목이 참조 범위에 포함됩니다. 그리고 13번 add_data( ) 메서드에서 titles_from_data=True라고 지정하므로 폴로 셔츠나 드레스 셔츠 같은 상품 분류가 범례로 사용됩니다.

영역형 차트

누적 막대형 차트와 꺾은선형 차트의 특징을 모두 가진 영역형 차트(Area chart)를 만들어 봅시다.

코드 6-4 영역형 차트를 만드는 area_chart.py

```
1  import openpyxl
2  from openpyxl.chart import AreaChart, Reference
3
4  wb = openpyxl.load_workbook(r"..\data\area_chart.xlsx")
5  sh = wb.active
```

```
 6
 7  data = Reference(sh, min_col=3, max_col=7, min_row=1,
    max_row=sh.max_row)
 8  labels = Reference(sh, min_col=2, max_col=2, min_row=2,
    max_row=sh.max_row)
 9  chart = AreaChart()
10  chart.grouping = "stacked"
11  chart.title = "상품 분류별 판매량(사이즈 누적)"
12  chart.x_axis.title = "분류"
13  chart.y_axis.title = "사이즈"
14  chart.add_data(data, titles_from_data=True)
15  chart.set_categories(labels)
16
17  sh.add_chart(chart, "I2")
18  wb.save(r"..\data\area_chart.xlsx")
```

영역형 차트는 AreaChart 클래스를 사용합니다. 10번은 chart의 grouping 프로퍼티에 "stacked"를 지정해서 누적 영역형 차트를 만듭니다.

여기에 "percentStacked"를 지정하면 100% 기준 누적 영역형 차트가 되어 구성비를 확인하기 더욱 좋아집니다. grouping 작성은 누적 막대형 차트를 만드는 것과 같습니다.

워크시트 1행에 있는 제목을 참조 범위에 포함했기 때문에 add_data() 메서드에서 titles_from_data=True로 하면 S, M, L, LL, XL을 범례로 사용할 수 있습니다. 상품 분류명이 계열이 됩니다.

Reference 클래스에서 참조 범위를 설정하는 방법은 BarChart나 LineChart와 거의 같습니다.

영역형 차트를 작성할 area_chart.xlsx 파일입니다.

	A	B	C	D	E	F	G	H
1	코드	분류명	S	M	L	LL	XL	
2	10	폴로 셔츠	200	240	150	130	100	
3	11	드레스 셔츠	100	200	200	100	10	
4	12	캐주얼 셔츠	50	100	100	115	120	
5	13	티셔츠	100	300	200	250	200	
6	15	가디건	200	200	200	100	50	
7	16	스웨터	100	150	200	150	100	
8	17	땀받이 셔츠	150	250	300	260	100	
9	18	파카	150	150	200	150	50	
10								
11		계열				데이터		

그림 6-24 영역형 차트 참조 범위(area_chart.xlsx)

이 엑셀 파일로 area_chart.py를 실행하면 다음과 같은 차트가 출력됩니다.

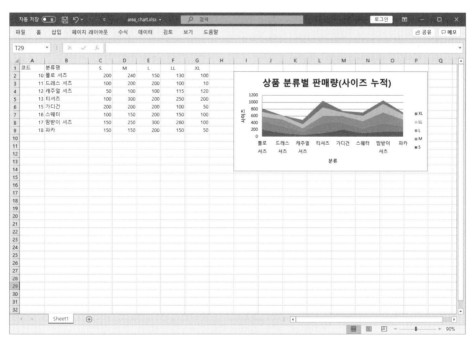

그림 6-25 area_chart.py로 작성한 영역형 차트

원형 차트

원형 차트(Pie chart)를 만들려면 PieChart 클래스를 사용합니다.

코드 6-5 원형 차트를 작성하는 easy_pie_chart.py

```python
1  import openpyxl
2  from openpyxl.chart import PieChart, Reference
3
4  wb = openpyxl.load_workbook("..\data\pie_chart.xlsx")
5  sh = wb.active
6
7  data = Reference(sh, min_col=2, min_row=1, max_row=sh.max_row)
8  labels = Reference(sh, min_col=1, min_row=2, max_row=sh.max_row)
9
10 chart = PieChart()
11 chart.title = "부문별 매출"
12 chart.add_data(data, titles_from_data=True)
13 chart.set_categories(labels)
14
15 sh.add_chart(chart, "D3")
16 wb.save("..\data\pie_chart.xlsx")
```

Reference 클래스로 참조 범위를 설정하는 방법은 지금까지 해온 그대로입니다. 원형 차트는 A열에 있는 Women, Men, Kids가 범례가 됩니다.

다음 데이터로 원형 차트를 작성합니다.

그림 6-26 원형 차트 참조 범위(pie_chart.xlsx)

이 엑셀 파일로 easy_pie_chart.py를 실행하면 다음과 같습니다.

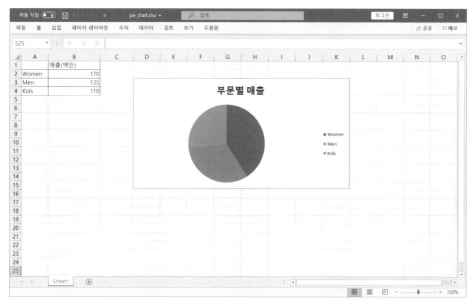

그림 6-27 easy_pie_chart.py로 작성한 차트

극히 평범한 원형 차트가 만들어집니다. 그렇다면 첫 번째 부채꼴(Women)을 쪼개서 그림 6-9에서 본 것처럼 꾸며 봅시다.

코드 6-6 차트 모양을 수정한 pie_chart.py

```
1  import openpyxl
2  from openpyxl.chart import PieChart, Reference
3  from openpyxl.chart.series import DataPoint
4
5  wb = openpyxl.load_workbook("..\data\pie_chart.xlsx")
6  sh = wb.active
7
8  data = Reference(sh, min_col=2, min_row=1, max_row=sh.max_row)
9  labels = Reference(sh, min_col=1, min_row=2, max_row=sh.max_row)
10
11 chart = PieChart()
12 chart.title = "부문별 매출"
13 chart.add_data(data, titles_from_data=True)
```

```
14 chart.set_categories(labels)
15
16 slice = DataPoint(idx=0, explosion=10)
17 chart.series[0].data_points = [slice]
18
19 sh.add_chart(chart, "D3")
20 wb.save("..\data\pie_chart.xlsx")
```

openpyxl.chart.series에서 DataPoint 클래스를 불러옵니다(3번). 원형 차트에서 부채꼴 모양을 쪼개려면 DataPoint 클래스를 사용해야 하는데, 이 클래스의 사용 방법이 16번 코드입니다. 첫 번째 인수 idx에서는 쪼갤 부채꼴 번호를 지정하고, 두 번째 인수 explosion에서는 원형 차트와 떨어지는 정도를 지정합니다.

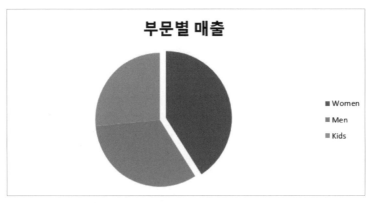

그림 6-28 Women 부채꼴을 쪼갠 원형 차트

이렇게 첫 번째 부채꼴 Women 영역이 쪼개진 것을 확인할 수 있습니다.

만약 16번을 다음처럼 수정하면 6-29 그림처럼 세 번째 부채꼴 Kids 영역이 쪼개져서 표시됩니다.

```
slice = DataPoint(idx=2, explosion=30)
```

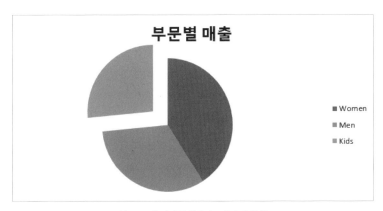

그림 6-29 세 번째 부채꼴이 쪼개진 원형 차트

방사형 차트

방사형 차트(Radar chart)는 RadarChart 클래스로 만듭니다.

코드 6-7 방사형 차트를 작성하는 radar_chart.py

```python
1  import openpyxl
2  from openpyxl.chart import RadarChart, Reference
3
4  wb = openpyxl.load_workbook(r"..\data\radar_chart.xlsx")
5  sh = wb.active
6
7  data = Reference(sh, min_col=2, max_col=4, min_row=1,
   max_row=sh.max_row)
8  labels = Reference(sh, min_col=1, min_row=2, max_row=sh.max_row)
9
10 chart = RadarChart()
11 chart.title = "직영점별, 부문별 판매량"
12 chart.add_data(data, titles_from_data=True)
13 chart.set_categories(labels)
14
15 sh.add_chart(chart, "F2")
16 wb.save(r"..\data\radar_chart.xlsx")
```

Reference 클래스에서 지정하는 참조 범위 설정은 지금까지 해온 것처럼 data는 워크시트 1행, 계열에 설정하는 labels는 2행에서 시작합니다. add_data() 메서드에서는 titles_from_data=True로 워크시트 1행을 범례로 사용합니다. 차트가 사용하는 데이터는 그림 6-10에서 본 데이터와 같습니다.

	A	B	C	D
1	직영점명	Women	Men	Kids
2	서울1호점	150	160	70
3	서울2호점	230	50	120
4	경기1호점	140	100	150
5	경기2호점	90	120	40
6	부산1호점	80	110	10
7				
8	계열		데이터	
9				

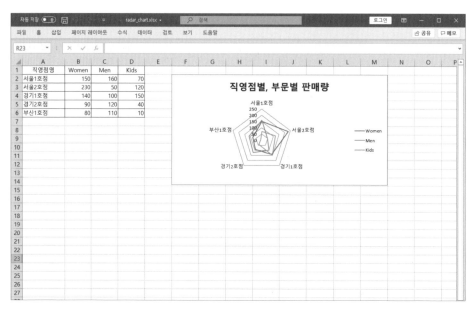

그림 6-30 방사형 차트 데이터 범위(radar_chart.xlsx)

이 데이터로 radar_chart.py를 실행해서 만든 차트는 다음과 같습니다.

그림 6-31 프로그램 실행 결과

방사형 차트는 숫자가 클수록 중심에서 멀어지므로 도형 면적도 넓어지게 됩니다. 또한 계열 사이 균형이 좋을수록 정다각형에 가까워집니다. 이번 예제에서는 각 직영점에서 골고루 팔리는 부문일수록 정다각형에 가까워집니다. 결과를 보면 Women의 면적이 넓고 전체적으로 편향이 적은 편이라는 것을 알 수 있습니다.

방사형 차트 기본값은 그림 6-31에서 본 것처럼 선으로 표현합니다. 13번 다음에 아래 코드를 추가합니다.

```
chart.type = "filled"
```

다각형 내부가 색으로 채워진 차트가 됩니다.

거품형 차트

거품형 차트(Bubble chart)를 사용하면 2차원 차트 위에, 값이 얼마나 큰지를 거품 크기로 표현할 수 있습니다. 거품을 X축, Y축 값과 비교해서 데이터를 분석합니다. 우선 프로그램을 살펴봅시다.

코드 6-8 **거품형 차트를 작성하는 easy_bubble_chart.py**

```
1  import openpyxl
2  from openpyxl.chart import Series, Reference, BubbleChart
3
4  wb = openpyxl.load_workbook(r"..\data\bubble_chart.xlsx")
5  sh = wb.active
6
7  chart = BubbleChart()
8  chart.style = 18
9  xvalues = Reference(sh, min_col=3, min_row=2, max_row=sh.max_row)
10 yvalues = Reference(sh, min_col=2, min_row=2, max_row=sh.max_row)
11 size = Reference(sh, min_col=4, min_row=2, max_row=sh.max_row)
12 series = Series(values=yvalues, xvalues=xvalues, zvalues=size)
```

```
13 chart.series.append(series)
14
15 sh.add_chart(chart, "F2")
16 wb.save(r"..\data\bubble_chart.xlsx")
```

9~11번에서 X축, Y축, 거품 크기(size)를 Reference 객체로 작성하고 Series 객체를 하나 만듭니다. 이렇게 만든 Series 객체를 chart.series(리스트)에 append( ) 메서드를 사용해서 추가합니다.

그런데 프로그램을 실행해서 만든 엑셀 파일을 열어보면 계열 값이 하나 밖에 없습니다.

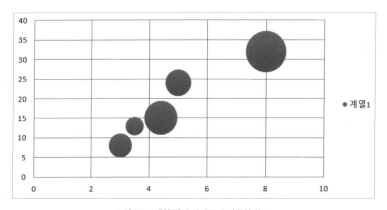

그림 6-32 계열 값이 하나뿐인 거품형 차트

계열 값을 구분하지 않으면 이렇게 거품 색이 모두 같아져서 어떤 데이터인 지 확인하기 어려워집니다. 물론 엑셀 파일을 열어서 계열 값을 직접 추가하 면 거품 색상이 자동으로 바뀐다는 것은 알고 있지만 역시 이런 작업을 자동 화하지 않으면 의미가 없겠지요.

따라서 그림 6-13에서 본 것처럼 직영점마다 다른 색상과 범례가 표시되도 록 코드 6-8을 바탕으로 다음과 같이 수정합니다.

코드 6-9 여러 계열 값에 대응한 bubble_chart.py

```python
1   import openpyxl
2   from openpyxl.chart import Series, Reference, BubbleChart
3
4   wb = openpyxl.load_workbook(r"..\data\bubble_chart.xlsx")
5   sh = wb.active
6
7   chart = BubbleChart()
8   chart.style = 18
9   for row in range(2,sh.max_row+1):
10      xvalues = Reference(sh, min_col=3, min_row=row)²
11      yvalues = Reference(sh, min_col=2, min_row=row)
12      size = Reference(sh, min_col=4, min_row=row)
13      series = Series(values=yvalues, xvalues=xvalues,
            zvalues=size,  title=sh.cell(row,1).value)
14      chart.series.append(series)
15
16  sh.add_chart(chart, "F2")
17  wb.save(r"..\data\bubble_chart.xlsx")
```

9번 for~in 문에 range( ) 함수를 사용해서 워크시트 2행부터 시작해 행마다 순서대로 Series 객체를 만듭니다(13번). 이렇게 작성한 계열 객체를 for 문 마지막에서 chart 객체의 series 프로퍼티에 추가(append)합니다(14번).

---

2   (옮긴이) easy_bubble_chart.py와 다르게 max_row 인수를 지정하지 않습니다. Reference 객체를 생성할 때 max_row를 생략하면 자동으로 min_row와 같은 값을 사용합니다.

이렇게 수정한 프로그램을 실행하면 계열마다 거품 색이 다른 거품형 차트가 만들어집니다.

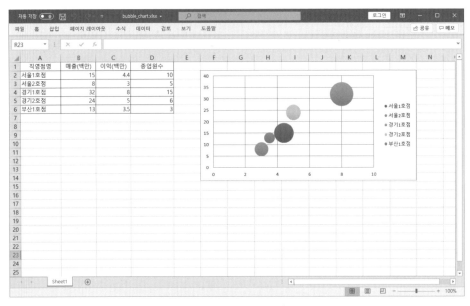

그림 6-33 계열값으로 나눈 거품형 차트

마지막으로 Chart, Series, Reference의 관계를 정리해 봅시다.

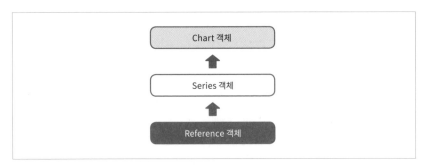

그림 6-34 Chart, Series, Reference 관계

Series 객체를 특별히 신경 쓰지 않아도 되는 차트도 있지만 Chart, Series, Reference 객체는 파이썬에서 차트를 그릴 때 기본이 되는 객체들입니다. 거

품형 차트를 만들 때도 설명했지만 Chart 객체는 최종적으로 작성할 차트입니다(코드 6-9, 16번). Chart 객체는 Series 객체(14번)로 구성되고, Series 객체는 다시 Reference 객체로 구성되는(13번) 상관관계가 있습니다.[3]

. . . .

나라   유비 씨 대단하네요. 파이썬으로 이렇게 간단히 차트가 만들어진다니 깜짝 놀랐어요.

유비   도움이 되었다니 다행입니다.

나라   보답으로 음식 대접하고 싶은데, 금요일 저녁 어때요?

유비   그날은 저녁에 프로그래밍 세미나가 있어서……

유비가 곤란한 듯 우물쭈물하는군요.

유비   그보다 프로그램 실행 방법을 알려 드려야 하니 여기를 좀 봐주시겠어요?

나라   그러지 말고 매번 와서 봐주면 좋을 텐데요. 전 언제든 환영이에요.

유비   어, 어쨌든 설명부터……

. . . .

프로그램 실행 방법

지금까지 책을 보면서 실습해 온 여러분이라면 이미 PC에 파이썬과 비주얼 스튜디오 코드가 설치되어 있겠지요. 그리고 비주얼 스튜디오 코드에서 프로그램을 실행하는 방법은 이미 1장에서 배웠습니다.

---

3   코드 6-9에서 Reference 객체는 10~12번에 해당합니다.

하지만 직접 프로그램을 작성하는 사람이 아니라 다른 누군가가 만든 프로그램을 사용하기만 할 사람은 비주얼 스튜디오 코드 같은 에디터를 설치하지 않고 파이썬 3만 설치해도 프로그램을 실행할 수 있습니다. 삼국어패널이라면 나라 씨 같은 사람은 만든 프로그램을 이용하기만 하면 되는 사람이니 사용하는 PC에 파이썬 3만 설치하면 되겠군요.

프로그램을 작성하는 사람도, 사용하는 사람도 파이썬 설치 방법은 같으므로 1장에서 배운 설치 방법대로 파이썬 3를 설치하면 파이썬 인터프리터뿐만 아니라 통합 개발 환경인 Python IDLE도 설치됩니다. 프로그램을 실행할 때 이 Python IDLE를 사용하면 됩니다.

Python IDLE를 실행하려면 [시작] 메뉴에서 Python 3.7[4] 폴더를 열고 [IDLE (Python 3.7 64bit)][5]를 클릭합니다.

그러면 Python 3.7.4 Shell[6]이라는 제목의 창이 하나 뜹니다.[7] 이제 [File] 메뉴에서 [Open]을 선택합니다.

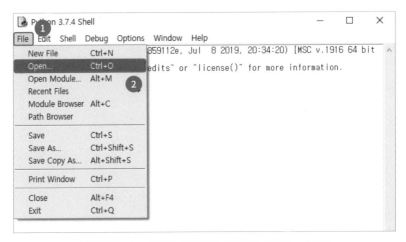

그림 6-35 Python IDLE를 실행한 다음, [File] 메뉴에서 [Open] 선택

---

4 버전 번호는 설치한 파이썬 버전에 따라 달라집니다.
5 사용하는 OS에 따라 32bit로 표시될 수 있습니다.
6 파이썬의 버전에 따라 본문 그림의 IDLE 환경은 다를 수 있습니다.
7 이런 창을 셸 윈도(shell window)라고 부릅니다.

[파일 열기] 대화상자가 표시되면 지금까지 작업한 파이썬 파일을 모두 모아둔 python_prg 폴더로 가서 실행하고 싶은 파이썬 프로그램(.py 파일)을 선택합니다. 그러면 새로운 창에 프로그램 코드가 표시됩니다.[8] 다시 [Run] 메뉴에서 [Run Module]을 선택하면 프로그램이 실행됩니다.

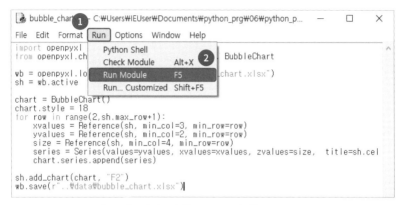

그림 6-36 [Run] 메뉴에서 [Run Module(F5)]을 선택해서 실행

이렇게 메뉴에서 직접 선택하지 않고 〈F5〉 키를 눌러도 프로그램이 실행됩니다.

　파이썬 프로그램은 인터프리터가 있으면 실행되므로 Python IDLE를 사용하지 않아도 윈도우 파워셸이나 명령 프롬프트에서 프로그램을 실행할 수 있습니다.

　그러면 윈도우 파워셸에서 사용하는 방법을 살펴봅시다. 우선 탐색기에서 프로그램을 저장한 폴더를 엽니다. 그 후 탐색기 [파일] 메뉴에서 [Windows PowerShell 열기]를 선택해 실행합니다.

8　이런 창을 에디터 윈도(editor window)라고 부릅니다.

그림 6-37 실행하고 싶은 프로그램이 있는 폴더를 탐색기에서 열고, [파일] 메뉴에서 [Windows PowerShell 열기] 선택

파워셸이 실행되면 표시된 프롬프트 뒤에 다음 명령어를 입력합니다.

```
python 실행할 프로그램명.py
```

〈엔터〉 키를 누르면 프로그램이 실행됩니다.

그림 6-38 bubble_chart.py를 실행하는 입력 예

또한 1장에서 소개한 설치 방법대로 설치했으면 윈도우에서 파이썬 프로그램을 실행하는 데 도움이 되는 기능을 가진 py launcher라는 윈도우용 프로그램도 동시에 설치됩니다. 이 프로그램을 사용해서 다음과 같이 입력합니다.

py 실행할 프로그램명.py

역시 파이썬 프로그램이 실행됩니다.

그림 6-39 py로 실행하는 방법

7장

PDF 출력과 꾸미기

유비, 사장 호출을 받다

안 과장 유비! 자네 지금 바로 사장실로 오라고 연락이 왔는데 대체 무슨 일이야? 아무튼 당장 가보게!

총무부 안 과장이 새파랗게 질린 얼굴로 말했습니다.

(왜 갑자기 사장님이 찾으시는 거지? 혹시 얼마 전, 나라 씨 일 때문에 뭔가 잘못되었나?)

유비는 긴장한 상태로 사장실을 찾아갔습니다.

유비 실례하겠습니다. 연락받고 온 총무부 유비라고 합니다.

사장 그래 어서 들어오게나.

입사 5년 차인 유비가 이렇게 사장님과 일대일로 만난 건 처음입니다.

사장 자네가 유비로군. RPA 일 때문에 불렀네. 여기 앉게.

유비 말씀 중에 죄송합니다만 RPA는 제가 잘 모르는 분야입니다. 저는 그저 프로그래밍으로 업무 개선을 조금 해봤을 뿐인지라…….

사장 RPA를 잘 모르는가? 로보틱스 프로세스 오토메이션(Robotics Process Automation)이라네. 사람이 하던 반복적인 업무를 로봇 같은 프로그램으로 자동화하는 거지. 이미 잘 알고 있는 줄 알았는데 말이야.

유비 아닙니다. 전 그저 업무 시간을 조금 줄여볼 수 있지 않을까하는 마음으로……. 그렇게 거창한 뜻이 아니라서 부끄럽습니다.

사장 자발적인 RPA로구먼. 사실 공장자동화에 비하면 사무자동화는 한참 멀었지.

유비 죄, 죄송합니다.

| 사장 | 아닐세. 그나저나 자네가 생각하기에 회사 내에서 좀 더 효율화할 수 있는 분야가 있던가? |

| 유비 | 납품서나 청구서, 신제품 안내 광고 등의 발송 업무라면 변경할 수 있지 않을까 생각합니다. 매번 우편으로 보내면 비용도 그렇고, 시일도 오래 걸려 개선하면 좋겠다고 생각한 적이 있습니다. |

| 사장 | 흠, 그렇군. 그럼 어떻게 하고 싶은가? |

| 유비 | PDF로 메일을 보내는 게 효율적이라고 생각합니다. |

| 사장 | 좋은 아이디어로군. 그럼 자네를 총무부 RPA 전임으로 임명할 테니 앞으로 잘 부탁하네. 기대하네. |

유비를 걱정하며 기다리던 안 과장이 총무부에 돌아온 유비를 보고 말했습니다.

| 안 과장 | 유비, 사장님이 뭐라시는데? 무슨 잘못을 한 거야? |

| 유비 | 사장님이 저를 RPA 담당으로 임명하신다고……. |

| 안 과장 | RPA가 뭔지 모르겠지만 일단 잘린 건 아닌 것 같아 다행이군. 근데 그게 뭐지? |

· ·

사장님한테 새로운 임무를 받아 혼란스러운 유비입니다. 하지만 그런 긴장되는 상황에서도 청구서나 홍보 전단을 떠올리다니 유비는 순발력이 대단하군요.

이런 작업도 파이썬이 빛을 발하는 분야입니다. 서류를 인쇄하는 대신에 PDF로 출력하면 봉투에 넣고 우편으로 보내는 번거로움이 줄어듭니다. 이제 이런 작업을 자동화하는 방법을 배워 봅시다.

01 | 엑셀 문서를 PDF로 만드는 프로그램

이번 장에서는 엑셀로 만든 매출전표를 PDF로 변환하는 프로그램을 소개합니다. 엑셀 매출전표 파일을 그대로 메일로 보내면 누구나 손쉽게 파일을 수정할 수 있어서 증빙 서류로는 어울리지 않습니다. 그러므로 PDF(Portable Document Format)로 변환합니다.

우선 예제 프로그램에서 사용할 엑셀 파일을 살펴봅시다.

data\sales 폴더에 담당자별 엑셀 파일이 있고 그 엑셀 파일에 있는 워크시트가 매출전표입니다. 워크시트는 파일 하나에 여러 장이 있습니다.

COM을 이용해 파이썬으로 엑셀 조작하기

예제 프로그램에서 사용하는 기법을 설명하겠습니다. 파이썬에서 Python Win32 Extensions(win32com 패키지)의 COM을 활용해 엑셀을 조작하는 방법입니다.

그전에 COM이 무엇인가 하면 컴포넌트 오브젝트 모델(Component Object Model, COM)의 약어로 객체 지향 프로그래밍 모델 가운데 하나입니다.

프로그램은 서로 독립적으로 동작하는 소프트웨어 구성 요소들(컴포넌트)로 만들어집니다. 프로그램 입장에서 COM은 소프트웨어 부품 가운데 하나입니다. COM은 특정 프로그래밍 언어에서만 쓰는 게 아니라 다양한 언어에서 사용할 수 있도록 1990년대 후반에 마이크로소프트가 개발한 기술 규약이라서 파이썬에서도 사용할 수 있습니다.

COM에는 객체를 메모리의 어디에 배치할지, 프로퍼티나 메서드를 호출하는 쪽에 어떻게 전달할지 같은 세세한 규칙이 정해져 있습니다. 규약 내용이 공개되어 있으므로 COM 사양을 따른 부품, 즉 COM 컴포넌트는 언어를 가리지 않고 사용할 수 있습니다.

엑셀 VBA도 사실은 이런 COM 객체를 VBA 언어로 조작하는 것이라 할 수 있겠지요.

win32com 패키지 설치

파이썬으로 COM을 사용하려면 win32com 패키지를 설치해야 합니다. 다만 지금까지 해온 pip 명령어로 설치하던 방식과는 조금 다르므로 잘 따라 하기 바랍니다.

일단 win32com을 배포하는 사이트에서 프로그램을 다운로드합니다.

https://github.com/mhammond/pywin32/releases

최신 릴리스 버전인 Assets 항목에서 자신이 사용하는 OS와 파이썬 버전에 맞는 실행 파일을 다운로드합니다. 2020년 5월 현재 최신 버전은 227입니다.

그림 7-1 패키지 다운로드

웹페이지를 보면 같은 227이라도 파일이 여러 개 있습니다. 어떤 것을 다운로드할지는 여러분이 사용하는 OS와 파이썬 버전에 달려 있습니다. 첫 번째 기준은 64bit, 32bit CPU 여부입니다. 1장에서 파이썬을 설치할 때도 CPU 비트 수에 맞춰 파이썬 설치 프로그램을 다운로드했습니다. 이번에도 그때 선택한 비트 수에 맞는 것을 선택합니다. 이 책에서는 파이썬 3.7.4 64bit를 기준으로 설명했으므로 이번에 다운로드할 파일은 pywin32-227.win-amd64-py3.7.exe 입니다.[1][2]

PC 설정에 따라서는 윈도우 디펜더 경고 화면이 표시될 수 있습니다. 이 화면이 표시되면 '추가 정보'를 클릭합니다.

그림 7-2 설치 시작 후 윈도우 디펜더 경고 화면이 표시됨

바뀐 화면에 실행 버튼이 표시되면 〈실행〉 버튼을 클릭합니다.

---

1 만약 여러분이 사용하는 파이썬이 3.8 버전이라면 pywin32-227.win-amd64-py3.8.exe를 다운로드합니다. 다만 이 책을 집필할 당시 3.8 버전에서는 win32com을 사용할 때 에러가 발생했으므로 주의해야 합니다. 3.7.4 버전은 문제없이 실행됩니다.
2 확장자가 exe 파일은 실행 파일 형식으로 더블클릭하면 실행됩니다.

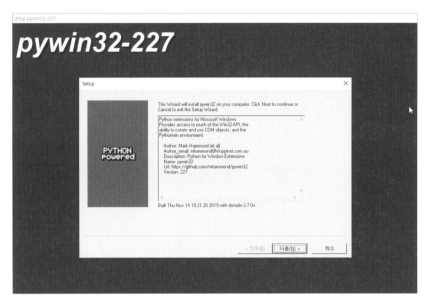

그림 7-3 pywin32 설치 화면

설치 화면이 표시되므로 〈다음〉 버튼을 클릭합니다.

파이썬이 설치된 폴더와 PythonWin32 Extensions를 설치할 폴더가 표시됩니다. PC에 여러 버전의 파이썬이 설치되어 있다면, 이 화면에서 pywin32를 사용할 파이썬 버전이 틀림없는지 다시 한번 확인해 보기 바랍니다.

그림 7-4 Python Directory와 Installation Directory 확인

이제 〈다음〉 버튼을 계속 눌러 설치를 마무리합니다. 제대로 설치되었는지 확인하기 위해 Python IDLE를 실행합니다.

IDLE에서 win32com의 client 패키지를 불러옵니다. 이때 에러가 발생하지 않으면 설치가 성공한 것입니다.

```
Python 3.7.4 Shell                                      —    □    ×
File  Edit  Shell  Debug  Options  Window  Help
Python 3.7.4 (tags/v3.7.4:e09359112e, Jul  8 2019, 20:34:20)
[MSC v.1916 64 bit (AMD64)] on win32
Type "help", "copyright", "credits" or "license()" for more
information.
>>> import win32com.client
>>>
```

그림 7-5 import win32com.client를 실행해서 에러가 표시되지 않으면 성공

매출전표 여러 장을 하나로 모아 PDF로 만들기

준비가 끝났으면 엑셀로 만든 매출전표를 PDF로 변환하는 sales_slip2pdf.py를 살펴봅시다. 이 프로그램은 매출전표 엑셀 파일이 있는 폴더 경로 외에는 따로 수정하지 않아도 됩니다. 그대로 사용하면 어떤 PC에서도 엑셀 파일을 PDF로 만들어 줍니다. 다만 예제 프로그램을 실행해서 PDF 파일을 저장하는 곳은 매출전표 엑셀 파일이 있는 data\sales의 하위 폴더인 pdf 폴더이므로 탐색기에서 미리 이 폴더를 만들어 두기 바랍니다. 이미 다운로드한 예제 파일의 data\sales\pdf 폴더에 해당합니다.

코드 7-1 엑셀 파일을 PDF로 변환하는 sales_slip2pdf.py

```
1  import pathlib
2  import openpyxl
3  from win32com import client
4
5  path = pathlib.Path("..\data\sales")
6
7  xlApp = client.Dispatch("Excel.Application")
```

```
 8  for pass_obj in path.iterdir():
 9      if pass_obj.match("*.xlsx"):
10          book = xlApp.workbooks.open(str(pass_obj.resolve()))
11          for sheet in book.Worksheets:
12              slip_no = str(int(sheet.Range("G2").value))
13              file_name = slip_no + ".pdf"
14              pdf_path = path / "pdf" / file_name
15              sheet.ExportAsFixedFormat(0, str(pdf_path.
                  resolve()))
16          book.Close()
17  xlApp.Quit()
```

우선 3번을 보면 win32com에서 client 패키지를 불러옵니다.

5번에서 데이터를 읽을 폴더를 지정합니다. 매출전표 엑셀 파일은 \data\
sales 폴더에 있으므로 pathlib.Path 인수에 상대 경로를 지정해서 Path 객
체를 만듭니다. Path 객체를 사용하는 방법은 3장에서 sales_slip2csv.py로
매출전표를 이용해 매출 목록을 만들 때 이미 다뤘습니다. 여기서 다시 한번
복습해 보기 바랍니다.

7번은 xlApp 객체로 엑셀을 조작할 수 있도록 COM을 연결합니다.

```
xlApp = client.Dispatch("Excel.Application")
```

이로써 엑셀 VBA를 사용할 수 있습니다. 파이썬은 범용 프로그래밍 언어로
엑셀 VBA가 갖추지 못한 다양한 기능이 있지만, 엑셀의 모든 기능을 사용하
려면 역시 VBA를 사용해야 하는 것도 사실입니다. 따라서 sales_slip2pdf.py
에서는 VBA 코드도 사용합니다. 이미 VBA에 익숙하신 분이라면 무척 반가
운 이야기일 듯합니다.

8번 for 문에서 path.iterdir() 경로 객체로 지정한 경로의 폴더나 하위 폴
더에서 파일을 차례로 검색해 이하 반복문에서 처리합니다.

9번 if 문에 있는 pass_obj.match() 메서드는 인수로 받은 파일과 일치하는지 확인해서 일치하면 True, 아니면 False를 반환합니다. 따라서 확장자가 .xlsx인 엑셀 파일이면 True가 되어 10번 이후를 처리합니다. 좀 더 쉽게 풀어 쓰면 폴더 안에 있는 엑셀 파일을 찾아서 원하는 처리를 실행하는 코드입니다.

이어서 VBA 코드인 workbooks.open()으로 엑셀 파일을 엽니다(10번). workbooks.open()의 인수는 절대 경로로 지정해야 합니다. 따라서 pass_obj. resolve() 메서드의 결과를 문자열 변환(str()) 함수로 변환합니다. 코드 7-1에서 진하게 강조한 코드가 모두 VBA와 관련된 코드입니다.

Path 객체의 resolve() 메서드는 절대 경로를 반환합니다. 예를 들어 5번에서 상대 경로로 지정한 ..\data\sales\1001.xlsx 파일이 있다면 resolve() 메서드는 C:\Users\(사용자 계정명)\Documents\data\sales\1001.xlsx[3]처럼 전체 경로(절대 경로)로 바꿔서 반환하는 역할을 수행합니다.

그리고 10번에서 통합문서 객체를 변수 book에 할당합니다.

```
book = xlApp.workbooks.open(str(pass_obj.resolve()))
```

이어서 11번 for 문은 통합문서에서 워크시트가 있는 수만큼 반복 검색합니다.

이어지는 VBA 코드는 매출전표와 비교하면서 코드를 확인해 봅시다.

---

3 절대 경로는 사용자의 컴퓨터 환경에 따라 다르게 표시될 수 있습니다.

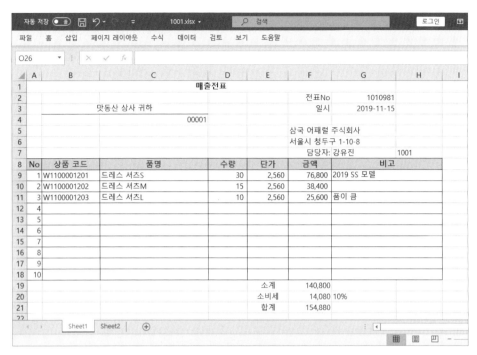

그림 7-6 매출전표

12번은 sheet.Range("G2").value로 전표 번호[4](전표No)를 가져옵니다. 가져온 전표 번호는 int() 함수를 이용해 정수로 변환한 다음, 다시, str() 함수를 이용해 문자열로 변환합니다. 그리고 ".pdf"라는 확장자와 결합해서 파일명으로 사용합니다(13번).

이제 파일을 출력할 폴더 경로입니다. \data\sales\pdf처럼 엑셀 파일이 저장된 폴더 아래에 미리 만들어 둔 pdf 폴더를 지정하면, 이곳에 PDF 파일을 저장합니다.

엑셀 파일이 있는 폴더 경로는 알고 있으므로, 14번처럼 Path 객체와 '/' 연산자로 새로 추가할 경로를 결합하면 저장할 폴더 경로를 만들 수 있습니다.

---

4 매출전표의 전표No 항목(G2)

```
path / "pdf" / file_name⁵
```

이렇게 해서 Path 객체 변수 path와 '/' 연산자로 하위 폴더 pdf와 file_name을 결합합니다. 그렇게 해서 ..\data\sales\pdf\1010981.pdf라는 상대 경로를 얻습니다.

이렇게 얻은 상대 경로를 resolve( ) 메서드로 다시 절대 경로로 변환하고, 워크시트의 ExportAsFixedFormat( ) 메서드의 두 번째 인수로 지정합니다(15번). 첫 번째 인수 0은 PDF 형식을 뜻합니다.

이것으로 ..\data\sales\pdf 폴더에 PDF 파일이 만들어집니다. 프로그램을 실행해서 만들어진 PDF 파일을 확인해 봅시다.

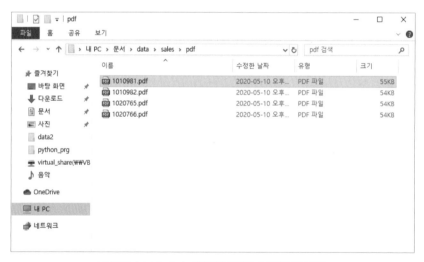

그림 7-7 ..\data\sales\pdf 폴더에 여러 PDF 파일이 만들어짐

---

5 (옮긴이) 왜 \가 아니라 /를 사용하는지 의문인 분도 계실 겁니다. 이건 객체 지향 프로그래밍의 특징을 잘 살린 기법입니다. \(백슬래시) 기호는 파이썬에서 사용하는 특수 기호로 사용 용도를 변경할 수 없지만, / 연산자는 객체마다 어떤 동작을 할지 다시 정의하는 것이 가능합니다. Path 객체는 이런 특성을 이용해서 / 연산자를 사용하여 경로를 결합합니다. 참고로 폴더 구분자 기호로 윈도우는 \, 리눅스나 맥은 /를 사용합니다. 이런 path / "pdf" / file_name은 개발자에게 친숙한 표기법입니다.

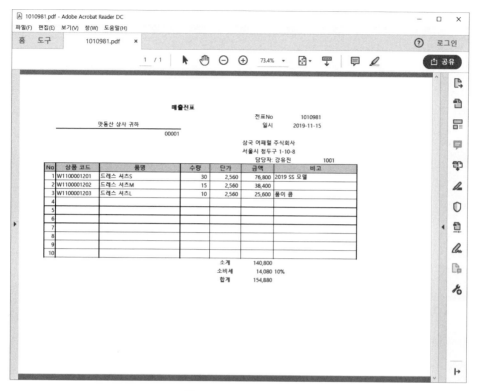

그림 7-8 1010981.pdf 파일 내용

마지막으로 `book.Close()` 메서드로 통합문서를 닫고(16번), `xlApp.Quit()` 메서드로 COM 객체 조작을 끝냅니다(17번).

어떤가요? win32com을 사용해서 엑셀 COM 객체를 조작하는 방법을 살펴보았습니다. 통합문서나 워크시트, `range()` 함수를 다루는 VBA 코드는 파이썬의 openpyxl 라이브러리로 엑셀을 조작하는 코드와 꽤 비슷한 부분이 많습니다. VBA와 파이썬은 모두 객체 지향 프로그래밍 언어이므로 VBA를 공부한 경험은 파이썬에서도 활용할 수 있습니다.

파이썬으로 PDF 레이아웃 정하기

PDF 파일 작성 방법을 좀 더 깊이 살펴봅시다.

엑셀 기능을 사용해서 워크시트를 PDF로 변환하는 방법은 앞에서 공부했지만, 사용자는 워크시트를 있는 그대로 출력하는 게 아니라 보기 좋게 꾸며 출력하고 싶을 때도 있습니다. 예를 들어 고객 데이터베이스를 이용해 각각의 고객에게 보낼 PDF 문서를 만드는 것이 이런 예에 해당합니다.

이번에는 VBA를 사용하는 대신에 ReportLab이라는 라이브러리로 엑셀 파일을 읽어 PDF 파일로 편집, 출력하는 프로그램을 만들어 봅시다.

ReportLab을 사용하려면 비주얼 스튜디오 코드 터미널에서 `pip install reportlab`을 입력하고 실행해서 라이브러리를 설치합니다.[6] 지금까지 설치한 외부 라이브러리 설치 방법과 같습니다.

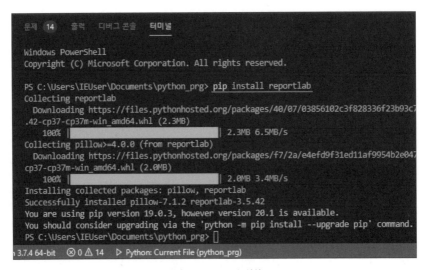

그림 7-9 ReportLab 설치

특별 고객 한정 세일 안내문이라는 제목으로 PDF를 만드는 상황을 가정해 봅시다.

---

6 이 책을 집필할 당시 파이썬 3.8 버전에서 ReportLab을 사용하면 에러가 발생하는 문제가 있었습니다. 여러분이 사용하는 환경에서도 에러가 발생한다면 파이썬 3.7 버전을 설치해 실습하기 바랍니다.

거래처 장부 엑셀 파일에는 [주소록] 워크시트가 있습니다. 여기에 저장된 내용이 거래처 데이터베이스입니다. B열이 거래처 회사명, C열이 담당자명입니다. 거래처명과 담당자명으로 이루어진 엑셀 데이터를 가공해서 거래처별로 발송할 세일 안내 PDF 파일을 만들어 봅시다.[7]

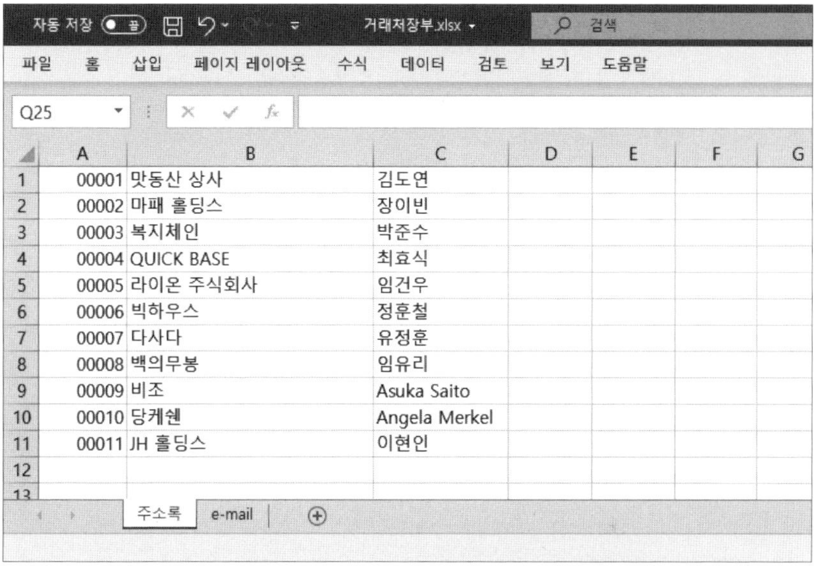

	A	B	C	D	E	F	G
1	00001	맛동산 상사	김도연				
2	00002	마패 홀딩스	장이빈				
3	00003	복지체인	박준수				
4	00004	QUICK BASE	최효식				
5	00005	라이온 주식회사	임건우				
6	00006	빅하우스	정훈철				
7	00007	다사다	유정훈				
8	00008	백의무봉	임유리				
9	00009	비조	Asuka Saito				
10	00010	당케쉔	Angela Merkel				
11	00011	JH 홀딩스	이현인				
12							

그림 7-10 거래처 장부의 [주소록] 워크시트에 등록된 고객 정보(거래처장부.xlsx)

세일 안내문으로 적을 문구도 엑셀 파일로 만들어 둡니다. A열이 항목명, B열이 내용입니다. 이 안내문으로 거래처에 보낼 PDF를 만들어 봅시다.

7 앞에서 다운로드한 예제 프로그램 7장에 있는 거래처장부.xlsx와 세일 안내.xlsx 그리고 logo.png 파일을 data 폴더에 미리 옮겨 놓습니다.

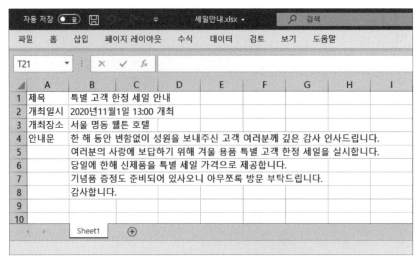

그림 7-11 세일 안내문을 엑셀로 준비하기(세일안내.xlsx)

거래처 명부 파일의 [주소록] 워크시트에서 거래처와 담당자를, 세일 안내 파일에서 세일 상세 내용을 가져와서 PDF 파일로 편집해 저장합니다.

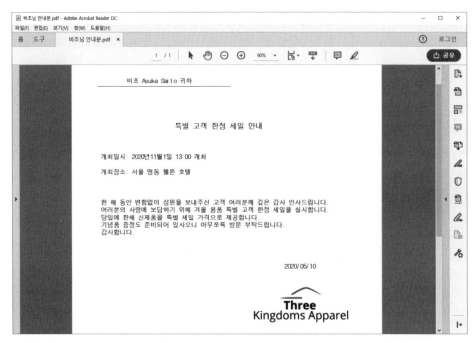

그림 7-12 완성한 세일 안내문 PDF

완성한 PDF 파일은 거래처명으로 파일 이름을 지정해 PDF 폴더에 저장합니다.

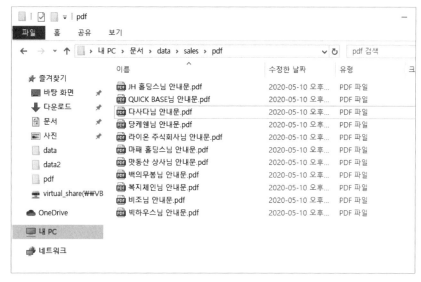

그림 7-13 pdf 폴더에 저장된 PDF 파일

그러면 프로그램을 살펴봅시다.

코드 7-2 안내문을 자동으로 작성하는 sale_information.py

```
1  from reportlab.pdfgen import canvas
2  from reportlab.lib.pagesizes import A4, portrait
3  from reportlab.pdfbase import pdfmetrics
4  from reportlab.pdfbase.cidfonts import UnicodeCIDFont
5  from reportlab.lib.units import cm
6  import openpyxl
7  import pathlib
8  import datetime
9  from PIL import Image
10
11 def load_information():
12 ___,wb = openpyxl.load_workbook("..\data\세일안내.xlsx")
```

```
13  ____sh = wb.active
14  ____sale_dict = {}
15  ____for row in range(1, sh.max_row + 1):
16  _____if sh.cell(row,1).value == "안내문":
17  _____info_list = [sh.cell(row,2).value]
18  _____for info_row in range(row + 1 , sh.max_row + 1):
19  _____info_list.append(sh.cell(info_row,2).value)
20  _____sale_dict.setdefault("안내문", info_list)
21  _____elif sh.cell(row,1).value is not None:
22  _____sale_dict.setdefault(sh.cell(row,1).value,
                    sh.cell(row,2).value)
23  ____return sale_dict
24
25
26  sale_dict = load_information()
27  path = pathlib.Path("..\data\sales\pdf")
28  wb = openpyxl.load_workbook("..\data\거래처장부.xlsx")
29  sh = wb["주소록"]
30  for row in range(1, sh.max_row + 1):
31  ____file_name = (sh.cell(row,2).value) + "님 안내문.pdf"
32  ____out_path = path / file_name
33  ____cv = canvas.Canvas(str(out_path), pagesize=portrait(A4))
34  ____cv.setTitle("세일 안내")
35  ____pdfmetrics.registerFont(UnicodeCIDFont("HYGothic-Medium"))
36  ____cv.setFont("HYGothic-Medium", 12)
37  ____cv.drawCentredString(6*cm, 27*cm, sh.cell(row,2).value +
        " " \
38  _____+ sh.cell(row,3).value + " 귀하")
39  ____cv.line(1.8*cm, 26.8*cm,10.8*cm,26.8*cm)
40  ____cv.setFont("HYGothic-Medium", 14)
41  ____cv.drawCentredString(10*cm, 24*cm, sale_dict["제목"])
42  ____cv.setFont("HYGothic-Medium", 12)
43  ____cv.drawString(2*cm, 22*cm, "개최일시: " + sale_dict["개최일시"])
44  ____cv.drawString(2*cm, 21*cm, "개최장소: " + sale_dict["개최장소"])
```

```
45
46 ____textobject = cv.beginText()
47 ____textobject.setTextOrigin(2*cm, 19*cm,)
48 ____textobject.setFont("HYGothic-Medium", 12)
49 ____for line in sale_dict["안내문"]:
50 ____ ____textobject.textOut(line)
51 ____ ____textobject.moveCursor(0,14)
52
53 ____cv.drawText(textobject)
54 ____now = datetime.datetime.now()
55 ____cv.drawString(14.4*cm, 14.8*cm, now.strftime("%Y/%m/%d"))
56 ____image =Image.open("..\data\logo.png")
57 ____cv.drawInlineImage(image,12*cm,11*cm)
58 ____cv.showPage()
59 ____cv.save()
```

지금까지 살펴본 프로그램에 비해 조금 길지만 ReportLab으로 PDF를 작성할 때 필요한 폰트 설정 같은 코드가 많을 뿐 그렇게 어려운 내용은 아닙니다. 폰트 설정 같은 부분은 단순히 ReportLab 라이브러리 사용법에 불과합니다. 오히려 세일 안내 파일에서 읽은 데이터를 사전과 리스트에 넣어 활용하는 부분에 주목하기 바랍니다. 물론 ReportLab은 유료 버전을 제공할 만큼 대표적인 PDF 문서 작성용 라이브러리이므로 사용법을 알아 두면 편리합니다.

우선 1~9번은 reportlab에서 필요한 클래스나 패키지를 불러옵니다. 1번에서 불러오는 canvas를 사용해서 문자나 도형을 그릴 수 있습니다. 2번 A4와 portrait는 용지 설정 관련 라이브러리입니다. 프로그램에서는 canvas 크기와 용지 방향 설정에 사용합니다.

3~4번 pdfmetrics와 UnicodeCIDFont는 폰트 설정에서 사용합니다. cm를 불러오면 센티미터(cm) 단위로 위치를 설정할 수 있습니다(5번).

프로그램에서 날짜를 다루는 부분이 있으므로 8번에서 datetime 모듈을 가져옵니다. 그리고 회사 로고 같은 이미지 파일을 처리하는 화상 라이브러리인 PIL에서 Image 모듈을 불러옵니다(9번).

프로그램은 11번에서 시작합니다. 먼저 load_information() 함수를 정의합니다. load_information() 함수는 안내문을 저장한 엑셀 파일(세일안내.xlsx)을 실행한 다음, 세일 내용을 사전에 담아 return 문으로 반환하는 역할을 합니다.

프로그램이 길어질 때는 이렇게 함수를 작성해서 코드의 가독성을 높입니다. 전체가 하나로 뭉쳐 있을 땐 복잡해 보이는 코드들도 함수를 만들어 기능 단위로 쪼개면 좀 더 단순해집니다. 이런 단순한 처리를 조합하면 하나의 커다란 프로그램이 만들어진다는 것을 알 수 있습니다.

그러면 load_information() 함수의 내용을 살펴봅시다.

```
11 def load_information():
12     wb = openpyxl.load_workbook("..\data\세일안내.xlsx")
13     sh = wb.active
14     sale_dict = {}
15     for row in range(1, sh.max_row + 1):
16         if sh.cell(row,1).value == "안내문":
17             info_list = [sh.cell(row,2).value]
18             for info_row in range(row + 1 , sh.max_row + 1):
19                 info_list.append(sh.cell(info_row,2).value)
20             sale_dict.setdefault("안내문", info_list)
21         elif sh.cell(row,1).value is not None:
22             sale_dict.setdefault(sh.cell(row,1).value,
                   sh.cell(row,2).value)
23     return sale_dict
```

14번에 주목하기 바랍니다.

```
    sale_dict = {}
```

빈 사전을 하나 만들고 15번 이후에 for 반복문으로 A열의 항목명이 "안내문"
이라면(16번) B열의 문자열을 리스트형 변수 info_list에 넣습니다(17번).

```
      info_list = [sh.cell(row,2).value]
```

안내문은 여러 행으로 구성될 수 있으므로 18번에서 다시 한번 for 문으로
안내문을 추가합니다.

```
 range(row + 1 , sh.max_row + 1)
```

반복문 범위를 이렇게 지정해서 현재 행의 다음 행부터 값이 들어 있는 마지
막 행까지 리스트의 append( ) 메서드로 변수 info_list에 추가합니다. 문자
열이 들어 있는 마지막 행까지 처리했으면 20번에서 이 리스트를 앞에서 선
언한 빈 사전에 추가합니다.

```
      sale_dict.setdefault("안내문", info_list)
```

다음 elif 문은 A열의 항목명이 안내문이 아닐 때 실행할 내용을 담은 코드
입니다(21번). is None은 셀에 값이 없다는 것이 True임을 뜻합니다.

```
 sh.cell(row,1).value is not None
```

not None은 다시 부정이므로 결국 항목명이 있다는 뜻입니다. 이런 식으로
항목명이 입력되어 있는지 확인합니다. elif 문이 필요한 이유는 안내문 행
이후, 잘못해 사전의 키가 없는 상태로 B열의 문자열을 등록하지 않기 위해

서입니다. 이것으로 안심하고 사전 setdefault( ) 메서드로 A열 항목명을 키로, B열 내용을 값으로 사전에 등록합니다(22번).

sale_dict를 print( ) 함수로 출력해 확인하면[8] 다음처럼 어떤 식으로 사전이 만들어졌는지 알 수 있습니다.

```
{'제목': '특별 고객 한정 세일 안내', '개최일시': '2020년11월1일 13:00 개최', '개최장소': '서울 명동 웰튼 호텔', '안내문': ['한 해 동안 변함없이 성원을 보내주신 고객 여러분께 깊은 감사 인사드립니다.', '여러분의 사랑에 보답하기 위해 겨울 용품 특별 고객 한정 세일을 실시합니다.', '당일에 한해 신제품을 특별 세일 가격으로 제공합니다.', '기념품 증정도 준비되어 있사오니 아무쪼록 방문 부탁드립니다.', '감사합니다.']}
```

사전 안에 리스트도 값으로 들어 있는 것을 알 수 있습니다. 이 사전 데이터는 처음 함수를 호출한 곳으로 return 값을 반환합니다(23번). 이렇게 load_information( ) 함수 정의가 끝나고 이후 프로그램을 실행합니다.

26번에서 load_information( ) 함수를 호출합니다.

```
sale_dict = load_information()
```

계속해서 pathlib.Path( ) 메서드로 pdf 파일을 출력할 폴더 객체를 변수 path에 지정합니다(27번). 이제 거래처 장부에 대한 처리를 진행합니다.

29번에서 처리 대상이 되는 워크시트를 지정합니다. 통합문서에 워크시트가 한 장뿐이라면 wb.active로 워크시트를 바로 지정해서 사용하면 됩니다. 하지만 거래처장부.xlsx에는 워크시트가 [주소록], [e-mail]로 여러 장이므로 wb.active만으로 모든 워크시트를 선택할 수는 없습니다. 따라서 이번에 사용하는 방법이 워크시트명 지정입니다.

---

8 print(sale_dict) 코드를 추가하면 됩니다. 프로그램이 완성되면 이런 확인용 코드는 삭제합니다.

```
wb["주소록"]
```

이렇게 코드를 작성하면 통합문서에 있는 워크시트명으로 해당 워크시트를 지정할 수 있습니다.

30번 for 문으로 거래처마다 PDF 파일을 작성합니다.

```
31    file_name = (sh.cell(row,2).value) + "님 안내문.pdf"
32    out_path = path / file_name
```

31번은 sh.cell(row,2).value로 가져온 거래처명에 "님 안내문.pdf"라는 문자열을 더해서 파일명을 짓습니다. path의 "/" 연산자로 file_name을 추가해서 출력할 경로(out_path)를 지정합니다(32번).

그리고 33번 이후가 PDF 파일 작성 부분입니다.

```
33    cv = canvas.Canvas(str(out_path), pagesize=portrait(A4))
34    cv.setTitle("세일 안내")
35    pdfmetrics.registerFont(UnicodeCIDFont("HYGothic-Medium"))
```

33번에서 Canvas 객체를 만들 때 출력 경로가 되는 out_path를 str() 함수를 이용해 문자열로 바꿉니다. 그리고 pagesize에는 portrait(A4)를 지정합니다. 이러면 A4 용지 세로 방향의 캔버스(Canvas)가 만들어집니다.

34번 setTitle() 메서드는 PDF 파일에 표시할 제목을 만드는 것으로 인수로 "세일 안내"를 지정했습니다.

35번 pdfmetrics.registerFont() 메서드는 PDF 파일에서 사용할 폰트를 지정합니다. HYGothic-Medium 폰트는 한국어용 기본 폰트입니다. 필요에 따라 사용하고 싶은 폰트 파일을 지정해서 등록하는 방법도 가능합니다.[9]

---

9 (옮긴이) HYGothic-Medium 같은 기본 폰트를 지정하면 OS나 사용자 환경에 따라 실제로 표현되는 것은 조금씩 다를 수 있습니다.

36번 setFont( ) 메서드로 폰트와 폰트 크기를 지정합니다. pdfmetrics.registerFont( ) 메서드는 PDF 안에서 사용할 Font 객체를 만들고 등록합니다. setFont( ) 메서드는 등록된 폰트 가운데 지금 사용할 폰트와 크기를 지정합니다.

```
36 ⌐cv.setFont("HYGothic-Medium", 12)
37 ⌐cv.drawCentredString(6*cm, 27*cm, sh.cell(row,2).value +
      " " \
38 ⌐+ sh.cell(row,3).value + " 귀하")
```

37번은 drawCentredString( ) 메서드로 캔버스에 문자를 추가합니다. 인수는 순서대로 X축 위치, Y축 위치, 추가할 문자열입니다. drawCentredString( ) 메서드는 주어진 좌표의 중심을 기준으로 문자열을 그립니다.

```
6*cm, 27*cm
```

따라서 이런 좌표를 설정하면 X축 좌표는 6*cm가 되고 Y축 좌표는 27*cm가 됩니다. *cm는 센티미터 단위를 뜻합니다. 문자열의 X축 좌표 중심 위치인 6*cm는 A4 용지 왼쪽에서 글자가 시작한다는 면에서 큰 문제가 없어 보이지만, Y축 좌표 중심 위치인 27*cm는 위에서 27cm라고 생각하면 너무 아래라 뭔가 이상합니다. ReportLab의 좌표 원점(0, 0)은 좌하단에서 시작하기 때문에 Y축 값이 크면 클수록 상단에 위치합니다. 엑셀에서 사용하는 원점(좌상단)과는 다른 좌표계이므로 주의하기 바랍니다.

39번에서 line( ) 메서드로 거래처명 + 담당자명에 밑줄을 긋습니다.

```
⌐cv.line(1.8*cm, 26.8*cm,10.8*cm,26.8*cm)
```

line( ) 메서드는 밑줄을 긋는 동작을 합니다. 인수는 순서대로 x1, y1, x2, y2인데 y1과 y2가 26.8*cm으로 drawCentredString( ) 메서드의 인수인 27*cm 보다 작은 값이기 때문에 밑줄이 글자 아래쪽에 표시됩니다.

40~44번에서 **"제목", "개최일시", "개최장소"**를 키로 해서 사전 sale_dict에서 값을 문자열로 출력합니다.

```
40    cv.setFont("HYGothic-Medium", 14)
41    cv.drawCentredString(10*cm, 24*cm, sale_dict["제목"])
42    cv.setFont("HYGothic-Medium", 12)
43    cv.drawString(2*cm, 22*cm, "개최일시: " + sale_dict["개최일시"])
44    cv.drawString(2*cm, 21*cm, "개최장소: " + sale_dict["개최장소"])
```

40~41번은 안내문의 제목을 설정하는 코드입니다. 폰트 크기로 **14**를 지정해서 다른 글자에 비해 크기를 키우고(40번), drawCentredString( ) 메서드로 위치를 지정해서 출력합니다(41번).

43~44번은 개최일시와 개최장소를 drawstring( ) 메서드로 출력합니다. drawCentredString( ) 메서드와 달리 drawstring( ) 메서드는 지정한 X축 좌표(2*cm) 위치에서 글자가 시작하도록 문자열을 출력합니다.

지금까지는 제목, 개최일시 같은 한 줄로 된 짧은 문자열만 사용했습니다. 이제 여러 줄로 구성된 안내문을 출력해야 하므로 beginText( ) 메서드로 textobject를 작성합니다.

```
46    textobject = cv.beginText()
47    textobject.setTextOrigin(2*cm, 19*cm,)
48    textobject.setFont("HYGothic-Medium", 12)
49    for line in sale_dict["안내문"]:
50        textobject.textOut(line)
51        textobject.moveCursor(0,14)
```

47번 setTextOrigin() 메서드는 문장의 시작 위치를 지정합니다. 49번 for 문으로 sale_dict["안내문"] 리스트에서 한 줄씩 꺼내서 변수 line에 대입합 니다. 변수 line에 있는 문자열을 textOut() 메서드로 출력합니다(50번).

51번 moveCursor(0,14)는 생소한 메서드일 텐데, 인수로 지정한 x, y 값 만 큼 출력할 위치를 이동시키는 메서드입니다. 글자를 표시할 X축 방향은 고 정이므로 0을 지정하면 OK입니다. 다음 줄에 출력하려면 용지 아래로 내려 가야 하는데 Y축에 양수를 지정하면 아래 방향으로 이동하므로 14를 지정합 니다. 결과적으로 줄바꿈이 된 셈입니다. 앞서 본 ReportLab 좌표 지정 방법 은 숫자가 커지면 용지 위로 가지만 moveCursor() 메서드는 숫자가 커지면 용지 아래로 이동합니다. 서로 반대로 움직이니 주의해서 값을 지정하기 바 랍니다.

48번에서 폰트 크기를 12로 지정했으므로 Y축의 이동값 14 덕분에 글자 위 아래 사이에 살짝 공간이 생깁니다. 예제를 응용해서 직접 프로그래밍할 때 는 글자 크기나 위칫값을 조금씩 바꿔가며 보기 좋게 표시되도록 꾸며 보기 바랍니다.

53번에서 이렇게 준비한 textobject를 출력합니다.

```
53     cv.drawText(textobject)
54     now = datetime.datetime.now()
55     cv.drawString(14.4*cm, 14.8*cm, now.strftime("%Y/%m/%d"))
56     image =Image.open("..\data\logo.png")
57     cv.drawInlineImage(image,12*cm,11*cm)
58     cv.showPage()
59     cv.save()
```

46~51번에서 만든 textobject를 drawText() 메서드로 출력합니다(53번).

54번 datetime.datetime.now()는 datetime 모듈을 사용해 현재 시각을 불

러와서 변수 now에 대입합니다. 파이썬의 표준 라이브러리 datetime을 사용하면 날짜 및 시간을 처리할 수 있습니다.

datetime 객체의 strftime() 메서드에 날짜를 표시할 서식을 지정하면 문자열로 출력됩니다. 예제 프로그램에서는 다음과 같이 코드를 작성했습니다.

```
now.strftime("%Y/%m/%d")
```

이렇게 서식을 지정하면 "년/월/일" 형식으로 현재의 날짜를 안내문 작성일로 사용할 수 있습니다.

이제 이미지 파일을 읽는 코드를 살펴봅시다. 로고 이미지 파일(logo.png)이 data 폴더에 준비되어 있다고 가정합니다. 자사명을 출력할 곳에 글자 대신에 로고를 표시하겠습니다. 이미지 파일은 PIL이라는 외부 라이브러리의 Image.open() 메서드로 불러와서(56번), drawInlineImage() 메서드로 그립니다(57번).

이것으로 데이터 작성, 그리기가 끝났습니다. 마지막으로 showPage() 메서드로 PDF 페이지를 만들고 save() 메서드로 저장합니다(58~59번). 이런 과정을 거쳐 거래처마다 내용과 파일명이 다른 세일 안내 PDF 파일의 작성이 모두 끝났습니다.

참고로 세일안내.xlsx를 작성할 때 주의할 점이 있습니다. 예제 프로그램은 안내문 항목이 시작되면 그 이후 값이 입력된 마지막 행까지 전부 안내문의 일부로 인식하므로 안내문 항목은 워크시트의 마지막 항목이 되어야 한다는 겁니다. 제목이나 개최일시 항목은 사전을 이용해서 키로 일대일로 불러오므로 워크시트에서 항목의 순서가 바뀌어도 문제없이 원하는 순서대로 출력됩니다.

은미 지금까지 이런저런 프로그램을 만들어 봤는데, 이제 파이썬으로 엑셀을 다루는 방법을 좀 알겠어. 그런데 난 다른 프로그래밍 언어는 써본 적이 없어서 파이썬이 좋다고 해도 확 와닿지는 않는단 말이야.

유비 그럴 수도 있겠네. 그럼 잠깐만 지금까지 만든 프로그램을 한 번 열어 볼래?

은미 비주얼 스튜디오 코드에서 말이지?

유비 길어도 60줄이면 아마 끝났을 거야. 파이썬은 이렇게 코드의 길이가 짧아도 원하는 걸 만들 수 있어.

은미 보니까 그렇네. 그럼 다른 프로그래밍 언어는 어때?

유비 이번에 만들어 본 프로그램이라면 아마도 수백 줄이 넘을지도…….

은미 그렇게나 차이가 많이 난다고? 왜?

유비 부가적인 코드가 많아서 같은 내용을 다루더라도 파이썬이면 한 줄로 끝날 것이 열 줄 넘게 적어야 한다든지, 코드 한 줄이 표현하는 단위가 다르다든지 하는 뭐 그런 이유야.

은미 언어라고 다 같은 게 아니구나.

유비 프로그래밍이 직업인 사람들이라면 입력할 코드가 많거나 길어진다 해도 그들의 일이니까 큰 문제가 안 되지만, 우리처럼 할 일이 따로 있는 사람들이 프로그램을 오래 붙잡고 있을 순 없지.

은미 맞아. 저번에도 뭐 좀 고친다고 코드 보고 있었더니 과장님한테 뭐가 중요하냐며 잔소리 들었단 말이야. 난 일 잘하려고 최선을 다하고 있는데…….

유비　다른 일을 하면서 필요한 프로그램을 짧은 시간 내에 만들려면 파이썬 만한 게 없다니까.

은미　그렇구나. 나도 빨리 파이썬을 마스터해야겠다.

유비　파이썬이 뱀의 이름인 거 알아? 은미라면 좋은 뱀 조련사가 될 수 있을 거야.

은미　무슨 이상한 소리 하는 거야!

· ·

유비도 은미도 파이썬을 함께 공부하면서 사이가 좋아진 듯합니다. 여러분도 이 책으로 엑셀과 파이썬도 이렇게 사이가 좋다는 걸 느끼셨을까요?

RPA 합시다!

여기까지 읽어주셔서 감사합니다. 7장에 등장한 RPA라는 단어를 어디선가 들어본 적이 있나요? RPA는 Robotics Process Automation의 약어인데, 나와 상관없는 이야기라고 생각하는 분도 많을 듯합니다.

이 책에서 추천하는 RPA는 사무직 종사자가 평소에 엑셀과 같은 프로그램에서 사용하는 데이터를 대상으로 직접 프로그램을 만들어 업무 효율화를 꾀하는 이른바 자발적인 RPA입니다. 왜 그래야 하는지 조금만 더 RPA를 살펴보겠습니다.

로보틱스라고 해도 소프트웨어로 만든 로봇이라서, 뭔가를 움직이거나 조립하는 것처럼 눈에 보이는 동작을 하는 것은 아닙니다. 그렇더라도 컴퓨터나 네트워크를 사용해 자동으로 데이터를 검색하거나 선택적으로 계산하는 프로그램이라고 생각해, 왠지 어렵게 느낄지도 모르겠습니다. 하지만 RPA는 그런 인공지능 같은 동작이 꼭 필요한 것은 아닙니다.

보통 사무실에서 하는 엑셀 작업이라고 하면 워크시트에 있는 데이터를 다른 워크시트로 옮기고, 행과 열을 서로 교환하고, 데이터를 집계하고, 차트를 그리는 작업 등이 많을 것입니다. 이런 작업은 언뜻 생각하기엔 무척 지적이고 창조적인 작업처럼 보이지만 사실은 단순한 반복 작업일 뿐입니다. 공장 생산 라인에 서서 제품 검수 작업이 끝난 물건을 박스에 담는 작업과 본질적으로 다를 바 없습니다. 공장에서 대다수 단순 반복 작업은 이제 로봇으로 자동화되어 가는데, 사무 현장은 여전히 정형적인 일상 업무에 일손과 시간을 많이 빼앗기고 있습니다.

텍스트 형식으로 정리된 데이터를 엑셀에 입력한다. 한 워크시트에서 다른 워크시트로 데이터를 옮긴다. 엑셀 데이터를 다시 전용 업무 프로그램에 입력한다. 간편하고 강력해서 편리해 보이는 엑셀이지만 이런 작업과 작업 사이에는 수작업으로 해야 하는 일들이 숨어 있습니다. 이런 부분을 파이썬 프로그램으로 자동화, 간편화하면 어떤 일이 일어날까요? 한 달에 20시간 넘게 걸리는 사무 작업을 파이썬으로 효율화해 5시간으로 줄인다면 남은 15시간 동안 무엇을 할 수 있을지 기대가 되지 않습니까?

부디 자기 업무의 가까운 곳부터 RPA를 시작해보기 바랍니다.

카네히로 카즈미

찾아보기